唐沢流　自然観察の愉しみ方

唐沢流
自然観察の愉しみ方

自然を見る目が一変する

唐沢孝一

地人書館

唐沢流　自然観察の愉しみ方——目次

V　クモを見る楽しみ　171
——奥深い自然遊び

I　新鮮な視点で自然を見る

観察の切り口を見つける

霜に耐えるオオイヌノフグリ

秋に発芽し、霜や雪に耐えながら
ひたすら春を待つ土手の植物を見ていると
いつの間にか植物観察の扉が開かれていた。

■01 海に出たオオバン——冬の東京湾

◎思い込みの知識

「そんな所にいるはずがない」、「そんな餌を食うはずがない」、こうした思い込みが自然観察の目を曇らせてしまうことがある。その一つが南房総の海岸で海の魚を捕食するカワセミ*であり、東京湾の海岸に出たオオバン*である。

二〇〇〇年頃まで筆者がオオバンを観察したのは、印旛沼《いんばぬま》（千葉県）や彩湖《さいこ》（埼玉県）、上野不忍池《しのばずのいけ》（東京都）など内陸部の淡水域ばかりだった。東京湾沿岸でも見たことはあるが、防波堤の内側のハス田や沼地の淡水域である。図鑑類を見ても比較的広い湖沼や池、河川に生息していると記載されている。もちろん悪天時の避難先として河口や入江を利用したという報告もあるが、それはあくまでも一時的であり、海水域に入るのは稀である。筆者にとって「オオバンは淡水の鳥」というイメージは揺るぎないものであった。

◎百聞は一見にしかず

二〇〇四年一二月三日、千代田の野鳥と自然の会の忘年会の席上、オオバンが話

＊カワセミ（翡翠、翡翠、魚狗、川蟬） *Alcedo atthis* ブッポウソウ目カワセミ科　コバルトブルーの美しい色彩をしており、水辺の宝石にたとえられる。淡水の川や池に生息し、水中に飛び込んで魚やザリガニ等を捕食する。時に磯や漁港などで海産の魚を捕らえることもあり注目されている。

＊オオバン（大鷭） *Fulica atra* ツル目クイナ科　全身黒色の水鳥だが、額から嘴は白い。淡水の河川や湖に生息するが、東京湾では海に出て海草を食べる行動が観察されている。

題になった。会員で浦安市在住の横山澄子さんによれば、「オオバンは海に出ています。海岸で海藻を食べていますよ」という。「えっ、本当ですか?」、「そんなはずはない」。素直には受け入れられないものの、未知の世界を垣間見るような期待も湧いてきた。いずれにせよこの目で確かめたいと思った。一二月一四日、横山さんに案内してもらい、三番瀬《さんばんぜ》の西側の日の出海岸(浦安市)の堤防に立った。

「百聞は一見にしかず」である。紛れもなくオオバンが海水に足を浸しながらコンクリートの波打ち際で藻類を食べている。近くにいるオナガガモやヒドリガモも同じように藻類をつついている(写真1・1、写真1・2)。海面に浮いて波に身を委ねているオオバンもいる。波間にはカンムリカイツブリやハジロカイツブリが漂い、沖合にはスズガモの大群がキラキラと光る海面に黒い塊となって休息している。この日カウントしたオオバンは七羽。東京湾の水鳥に詳しい星野貞夫さんによれば、海でオオバンを見かけるようになったのは二〇〇一年頃であり、最大羽数は一二羽だったという。「オオバンは淡水の鳥」ではあるが、ごく最近になって海岸に進出してきたようだ。ささやかではあるが鳥への知見が一つ増えたような気がした。海風は冷たく身を刺したが、どこか心地よいものがあった。

写真 1.1　海岸で海草を食べるオオバン（2004 年 12 月 14 日、三番瀬・日の出海岸、千葉県浦安市）

写真 1.2　オオバンの近くで海草を食べるヒドリガモ（2004 年 12 月 14 日、三番瀬・日の出海岸、千葉県浦安市）

◎ふなばし三番瀬海浜公園

同じフィールドでも見る方角によって別世界になる。東京湾の三番瀬の場合、コンクリート護岸の日の出海岸と砂浜が再生されているふなばし三番瀬海浜公園*では様相はまったく異なる。

海に出たオオバンがいるという情報が入ったので、確認のため二〇〇四年一二月〜二〇〇五年三月に何回か海浜公園に通った。海岸に立つと、いきなり数百羽のハマシギの群れ飛ぶ姿が目に入る。右へ、左へと群れは大きく旋回し、急下降する。魚群が方向を転換するときのように、下面が白く輝くのが目立つ。ハマシギの群舞する背後では悠然と巨大タンカーが運航し、はるか彼方には房総半島の丘陵地帯が遠望できる。超高層ビル群の林立する都心からそれほど遠くないところに海があり、水鳥が乱舞している。

ヒドリガモやオナガガモをはじめ、カワウ、アオサギ、ダイサギもいる。目の前でコサギがダッシュしてボラを捕らえて飲み込む。さらに、一〇〇羽前後のミヤコドリも越冬している。

岸辺には小規模だがヨシ原もあり、セッカやオオジュリンが見え隠れし、ヨシの茎をつつくパシッという音が聞こえる。松の枝に止まるチョウゲンボウがじっと地面を見つめている。突如としてカモ類が一斉に飛び立つ。上空をミサゴが飛んでき

＊ふなばし三番瀬海浜公園　東京湾の最も奥にある三番瀬の海に面した船橋市の公園で、一九八二年に開園した。春は潮干狩りでにぎわい、四季を通して海鳥を中心としたバードウォッチングが楽しめる。

たのだ。「生物多様性」とはまさに目の前の海を指しているに違いない。

◎海に定着したか、三番瀬のオオバン

海浜公園には海に進出したオオバンが多数越冬している。オナガガモやヒドリガモなどの群れに混じって砂地で休息している。海面に浮きながら、護岸のすき間に嘴《くちばし》を入れ、何かをつついているような行動も見られる。滲み出てくる真水を飲んでいるらしい（写真1・3）。

防波堤に取り囲まれた海に多数のオオバンが出て、海面近くに浮いている海草を食べている。潜水して海草をくわえて浮上してくるものもいる。浮上してくるオオバンを数羽のヒドリガモが待ちかまえたかのように取り囲み、海草を横取りしてしまう（写真1・4）。

オオバンの主食は植物質で、エビモやヒルムシロ、陸上の植物の葉などを食べる。時にはアメリカザリガニや小魚も捕食する。海に出たオオバンは、海草の他には何を食べているのだろうか。海浜公園では二〇〇四年一二月二一日に約六〇羽、二〇〇五年一月二一日には四五羽のオオバンをカウントした。しかし、春になると姿を消してしまう。ならば春から夏をどこで過ごし、どこで繁殖しているのだろうか。海が荒れたときの避難先は谷津干潟*であろうか、行徳野鳥保護区*であろうか。

* 谷津干潟　東京湾の最奥部に残された約四〇ヘクタールの干潟で、渡り鳥の中継地。自然観察センターなどの施設があり多くのバードウォッチャーでにぎわう。一九八八年に国指定谷津鳥獣保護区に、一九九三年にラムサール条約に登録。

* 行徳野鳥保護区　東京湾の最奥部にあり、水鳥や水辺の自然保護のために造成された湿地。隣接する新浜鴨場（宮内庁管轄）を含めて約五六ヘクタールあり、水鳥の繁殖や越冬、渡り鳥の中継地として役立っている。

写真 1.3　護岸の割れ目で水を飲むオオバン（2005年1月21日、ふなばし三番瀬公園、千葉県船橋市）

写真 1.4　潜水して海草をくわえて浮上したオオバン（中央）を取り囲むヒドリガモ（2004年12月22日、ふなばし三番瀬公園、千葉県船橋市）

塩分濃度の高い海産の動植物を食べ、体調を崩さないのか。また、三番瀬以外でも海に出て採餌するオオバンはいるのだろうか。

一つのことがわかるとその先にさらなる未知の世界が広がっている。未知の扉の前に立って「ああではないか」、「こうに違いない」と思いを巡らしてはフィールドに出る。予測を持って観察しないかぎり自然は何も見せてくれない。しかし、同時に、予測し思い込むことが観察の目を曇らせてしまうことも多い。

■02 ヤマガラが教えてくれた虫こぶ入門

◎早春のクヌギの小枝で

人が人間関係の中で生きているように、自然界の生物同士の関わり合いもなかなか複雑である。クヌギの枝に飛んできたヤマガラ*はそんな生物同士のつながりの妙に気づかせてくれた。

三月末になると、千葉県市川市では雑木林のクヌギの花が開花する。緑の葉の展開に先んじてかんざしのような黄色い花が下垂する。枝伝いに移動してきたヤマガラが、まずは開花前の花芽をつつき始めた。花を食べているのか、蜜を吸おうとしているのかはよくわからない。次に、親指の頭くらいの丸い塊をつつき始めた。それが何なのかわからないまま、とにかくヤマガラの行動を追うことにした。柔らかそうな白い塊にはピンクの斑が散りばめられており、美味しそうな団子のように見える。ヤマガラは塊をつつき、一部をもぎ取って脚でしっかりと押さえてコンコンとつつき始めた（写真2・1）。一緒に飛来したシジュウカラも同じように塊を食べている。いったいこの塊は何だろう。改めてクヌギの大木を見上げると、小枝のいたるところに塊がついていることに気づいた（写真2・2）。

＊ヤマガラ（山雀）　*Parus varius*　スズメ目シジュウカラ科　シジュウカラとほぼ同じ大きさ。日本から朝鮮、台湾にかけて分布し、暖地の常緑広葉樹林を好んで生息する。ドングリを両脚で押さえて嘴でつついて食べたり、貯食する習性もある。

＊虫こぶ　植物体に虫が産卵・寄生するなどしてこぶ状に肥大したもの。虫癭。昆虫だけでなく菌類や細菌によって形成されることもあるので広義の虫こぶをゴール（Gall）と呼ぶ。

写真 2.1　クヌギの枝についた塊をつくヤマガラ（2007年3月28日、大町自然公園、千葉県市川市）

写真 2.2　クヌギの虫こぶの正体（2007年5月4日、大町自然公園、千葉県市川市）

◎虫こぶの正体を調べる

謎の白い塊は、ハチやアブラムシが作った「虫こぶ*」ではあるまいか。そう思って、薄葉重著『虫こぶハンドブック』を調べてみた。索引で「クヌギ」を見ると、「クヌギエダイガフシ」、「クヌギハケタマフシ」、「クヌギハケツボタマフシ」、「クヌギハマルタマフシ」、「クヌギミウチガワツブフシ」の五種類が掲載されている。ちなみに、虫こぶの命名は、一般的には「寄生植物名＋虫こぶの生じる部分＋形の特徴＋フシ（虫こぶ）」となることが多い。「クヌギエダイガフシ」は「クヌギのエダ（枝）につくイガ状の虫こぶ（フシ）」という具合である。掲載されているカラー写真を見比べつつ、該当する虫こぶを探した。一目瞭然、「クヌギハケタマフシ」に決定と思いきや、解説を読むとそう簡単ではなかった。

「クヌギハケタマフシ」というのは、実は「虫こぶ」につけられた名だ。虫こぶを作った張本人はクヌギハケタマバチというタマバチの一種である。しかも、このハチは一筋縄ではいかない。六月にクヌギの葉の裏に産卵して「クヌギハケタマフシ」という虫こぶを形成する。この虫こぶ内で幼虫は育ち、やがて虫こぶは葉から離脱して落下する。幼虫は虫こぶ内で成虫となって越冬し、早春にクヌギの雄花序に産卵し、花序全体が肥大して海綿状の虫こぶを形成する。この時の虫こぶは寄生部位が花で、海綿状なので「クヌギ＋ハナ＋カイメン＋フシ」と命名されている。ヤマガラはクヌギハナカイメンフシの中にひそむタマバチの幼虫を食べていたらしい。

ヤマガラやシジュウカラの捕食を免れたタマバチは、六月頃に虫こぶから出てクヌギの葉の裏に産卵し「クヌギハケタマフシ」を形成する。このようにクヌギハケタマバチは、寄生部位を早春にはクヌギの花に、初夏から秋にはクヌギの葉へと季節に応じて転換させていることがわかる。

◎ヒョンノキの虫こぶ

筆者は最近、東京やその周辺の公園等で月に数回の自然観察会を楽しんでいる。鳥だけでなく、昆虫や樹木、雑草にも目を向ける。その中で好評なのがイスノキ*の虫こぶだ。「イスノキエダチャイロオオタマフシ」や「イスノキエダナガタマフシ」

＊ イスノキ（蚊母樹） ***Distylium racemosum*** ユキノシタ目マンサク科　関東以西の暖地に自生する常緑高木。別名、ユスノキ、ユシノキ、ヒョンノキ。イスノキの虫こぶはタンニンを含み染料の材料に、材は堅くて丈夫なため家具や木刀として利用される。

写真 2.3　イスノキの枝にできた虫こぶ（2007年1月14日、清澄庭園、東京都江東区）

写真 2.4　イスノキの虫こぶからアブラムシが脱出した孔（2005年12月8日、清澄庭園、東京都江東区）

写真 2.5　エゴノキの虫こぶ、エゴノネコアシ（2003年6月21日、大町自然公園、千葉県市川市）

などである（写真2・3）。

イスノキは樹高二〇メートルにもなる常緑樹だが、モチノキやクロガネモチにも似ていてわかりにくい。しかし、ありがたいことにこの大きな褐色の虫こぶが目印となり、イスノキだとわかる。イスノキの虫こぶはアブラムシの一種が形成する。虫こぶは堅いので鳥に食べられる心配はない。しかし、中のアブラムシはどうやって外に出るのだろうか。驚いたことに、一〇～一一月頃に潜水艦のハッチが開くように蓋が開口する（写真2・4）。翅《はね》を持ったアブラムシ（有翅個体）はここから脱出し、スダジイやアラカシなどの樹木へ寄生転換する。イスノキのことを俗にヒョンノキともいう。虫こぶの開口部を口にあてて吹くとヒョウヒョウと鳴るので「ヒョウ」が「ヒョン」になったらしい。ヒョンノキの笛は自然遊びの楽しみの一つでもある。

◎エゴノキとアシボソ（イネ科植物）

五～六月頃、エゴノキ*の枝にネコの足のような虫こぶがつく（写真2・5）。エゴノネコアシアブラムシの作った虫こぶである。六～七月頃、虫こぶの先端が開裂し、有翅個体が飛び出てイネ科の植物のアシボソ*に寄生転換する（写真2・6）。このアブラムシは寄生する植物をエゴノキからアシボソに換えるので、これを寄生転換と

＊エゴノキ（野茉莉）***Styrax japonica***　カキノキ目エゴノキ科　中国、朝鮮半島、日本に分布し雑木林の林縁などに普通に見られる。五月頃に真っ白な花を咲かせる。果実を口に入れると喉や舌が刺激されてえぐいことからエゴノキという。果皮にはサポニンを含み、石鹸の代用品として利用した。

＊アシボソ（脚細）***Microstegium vimineum***　イネ目イネ科　原野に生える一年生の細長い植物。和名のアシボソは脚部の茎が上部より細いことに由来するようだ。

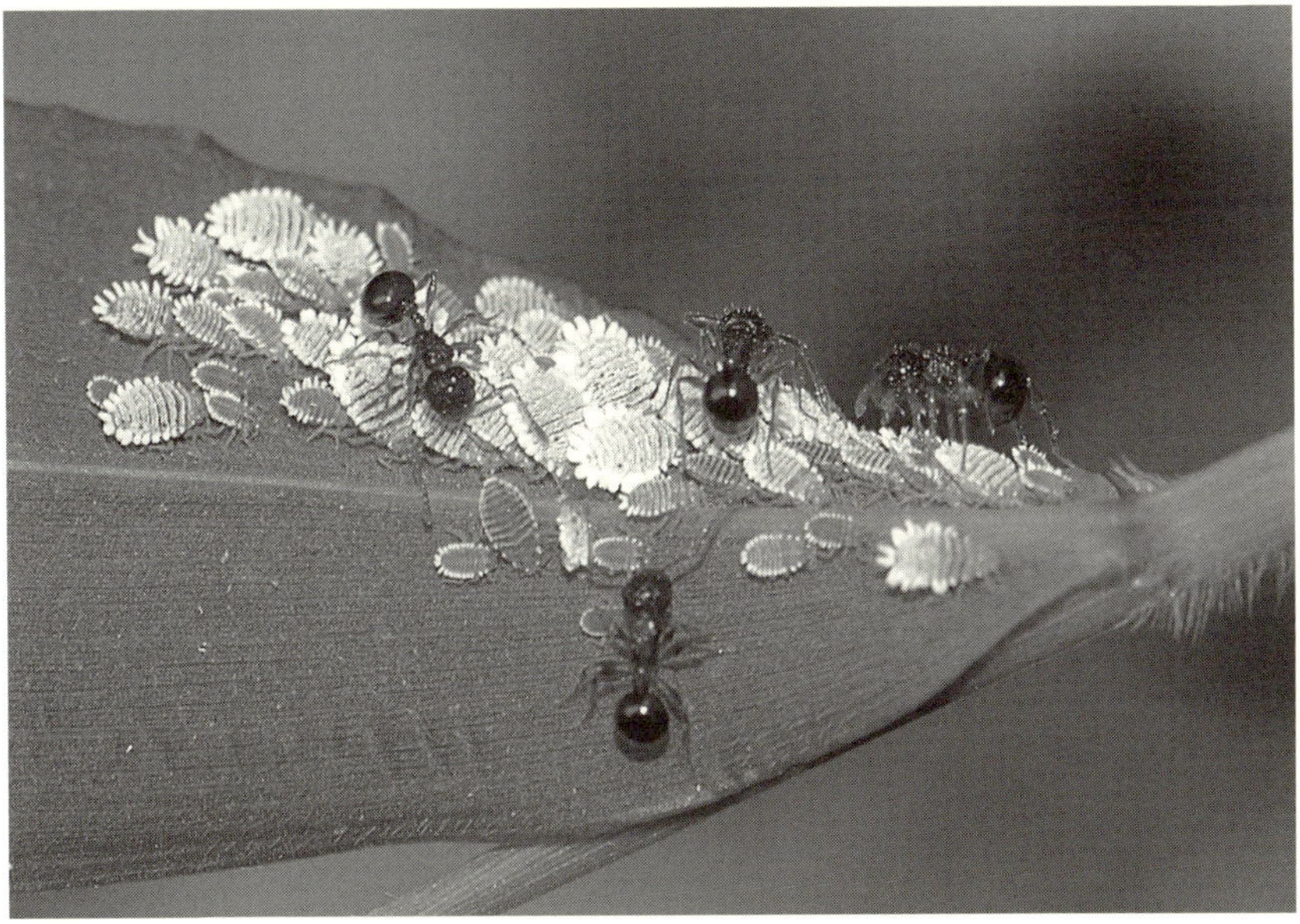
写真 2.6　アシボソに寄生転換したエゴノネコアシアブラムシ（2007年9月24日、都立野川公園、東京都三鷹市）

いう。季節の変化に呼応するように、別の植物へと住みかを変えていくアブラムシの知恵とたくましさには脱帽である。

この他、ケヤキの葉の「ケヤキハフクロフシ」、ヨモギの茎の「ヨモギクキワタフシ」などの虫こぶもよく見かける。しかし、これらは虫こぶの世界のほんの一部にすぎない。しかも、一口に虫こぶといっても、形成者はさまざまであり、ハチやアブラムシだけではない。宿主である植物の種類や寄生部位にも特異性がある。さらに、虫こぶの形が種類ごとに特徴がある。

筆者はかつて都立両国高校在職中、『虫こぶハンドブック』、『虫こぶ入門』などの著者である薄葉重先生とは同僚の生物教師で、先生からは長きにわたりご指導をいただいた。また、先生とは今でも生物部OBによる自然観察会を共に楽しんでいる。虫こぶを巡る世界がかくも奥深く面白いものであることをようやく知るに至った。ヤマガラが教えてくれた虫こぶ入門であった。

■03 白樺峠、「びーびー君」の思い出

本州でタカの渡りといえば九月から一〇月である。二〇一〇年九月、筆者は初めて白樺峠を訪ねた。が、タカの渡りは不調であった。しかし、その代わりに、一羽のヤマガラ「びーびー君」に出会えた。正確には、ヤマガラと信濃の人との「心の交流」に感動し衝撃を受けた、と言った方がいいだろう。ただ、このことを公開していいものかどうか、迷うところがあった。心ない人もいる時世である。人を信じたヤマガラの身に災いが降りかからないとも限らない、とも思った。アルプスが雪と氷で閉ざされる一二月以後に、了解をいただき、そっと公開させてもらうことにした。

◎初めての白樺峠

旧知の植松晃岳さんに案内してもらい白樺峠を訪ねたのは二〇一〇年九月二〇日。はるか松本平を見渡す「タカ見の広場」（標高一七〇〇メートル）には、二〇〇人を越えるバーダー＊が集まり、望遠鏡やら望遠レンズを構えていた。情報によれば、九月一八日（土）はサシバ七四八羽、ハチクマ二九七羽、ヒト三五一人、

＊バーダー Birder バードウォッチャー（野鳥観察者）のこと。

一九日（日）はサシバ三九一羽、ハチクマ一一羽、ヒト五〇〇人をカウントしたという。しかし、二〇日は一転してタカは激減し、ヒト二三三人にサシバとハチクマ各一羽。二一日もヒト一二〇人にハチクマ三羽、クマタカ、ツミ、トビ、各一羽。タカの渡りは天候次第、タカ次第である。

「唐沢さん、ここにはね、広場を造成して多くの人に観察を楽しんでもらおうとしている人もいるし、渡りを専門に調査している人もいる。学校の先生、地元の野鳥の会、行政の人など、いろんな立場の人が関わっている」と言う植松さんは、こうした人と人をつなぐパイプ役である。木登り師の中村照男さんは、広場を一人で造成したという強者だ。半年ぶりの再会を喜んだあと、さっそく高木に登る妙技を見せてもらった。

　タカの渡り調査の最前線で活躍している久野《くの》公啓《きみひろ》さん、佐伯元子さんの二人も紹介してもらった。調査のために、九月から一〇月の二ヵ月間ずっと白樺峠にこもる筋金入りのナチュラリストだ。と同時に、自然や野の鳥をこれほどまでに深く愛している人に出会ったのは初めてであった。テントサイトで遭遇したツキノワグマをはじめ、白樺峠のよもやま話は実に興味深かった。

＊ ヤマガラ（前掲一八頁）

◎人に語りかけるびーびー君

どこからか、「リンリン、リンリン」と鈴の音が聞こえてきた。久野さんが指さす方を見ると、小さなブランコにヤマガラ＊が止まり、背伸びして鈴をつついている（写真3・1）。ビービーとよく鳴く雄なので「びーびー君」だ。距離にして四～五メートル、久野さんや佐伯さんがそっと差し出す手に、一直線に飛来してクルミをくわえる（写真3・2）。すぐに林内へと消える。気が向けばすぐに飛来して鈴を鳴らし、クルミをおねだりする。空腹の時は、近くの小枝でつついて食べる。時には、ブランコには乗るものの、鈴を鳴らさないことがある。そんな時のびーびー君について久野さんは、「人を見ていたい」、「くつろいでいたいようだね」と説明してくれた。クルミを割っていると、近くにやってくる。飛び散ったクルミの破片を食べるのかと思ったら、いったんブランコに引き返して鈴を鳴らすという。ヤマガラは鈴を鳴らすことによって自分の気持ちを二人に伝え、二人もまた目を細めてそれに応えている。そんな人と鳥の関係が四年目になるという。

さらに貴重な情報を二つ教えてもらった。一つは、シジュウカラやヤマガラなどの小鳥の狩りを得意とするハイタカやツミが飛来した時のびーびー君の反応だ。「ピッと警戒音を発し、藪の中に隠れる。体を硬直させ、チィー。空をじっと見つめる」という。ところが、サシバ、ハチクイ、クマタカなどには無反応だ。自分を

写真 3.1　ブランコに止まって鈴を鳴らす「びーびー君」(2010年9月22日、白樺峠。長野県松本市)

写真 3.2　佐伯さんの掌でクルミをくわえるびーびー君。(2010年9月22日、白樺峠。長野県松本市)

襲う天敵かどうか、見分けているのだ。もう一つは、ヤマガラの後をつけてやってきたゴジュウカラ*についてだ。ヤマガラが落としたクルミを拾って食べることはあるが、鈴を鳴らす行動は見られなかったという。鳥の種類により、また、個体により、いろんな能力差があることを示唆している。

びーびー君を見ながら、ふと、「パブロフの実験」のことを思い出した。「イヌに餌を与える前にベルの音を聞かせておく。これを繰り返すうちに、ベルの音に反応してだ液を分泌するようになる」という条件反射の実験である。実は、この実験が成立するには前提条件が必要である。パブロフは被験者のイヌを身動きできないよう縛りつけていたのだ。もし、イヌを解き放ち、自由な状態で実験したらどうなるだろうか。イヌは、自らの意志でベルを鳴らそうとするにちがいない。びーびー君の行動は、そのことを物語っていた。

◎鳥と人とが向きあう姿勢

びーびー君と出会い、一冊の本、小山幸子著『ヤマガラの芸』を思い出した。ヤマガラの芸の歴史や調教などについて詳しく記したものだ。「おみくじ引き」などの芸は、潜在的にヤマガラが持っている習性や行動の能力を訓練し、調教したものだという。確かにそうかもしれない。しかし、びーびー君の振る舞いは、調教され

＊ゴジュウカラ（五十雀）*Sitta europaea* スズメ目ゴジュウカラ科全国の山地で繁殖しブナやミズナラなどの自然林を好む。太い樹木の幹を下向きに回りながら下降するのでキマワリの名もある。甲虫やクモなどを食べ、木の実を蓄える習性がある。巣箱やキツツキの古巣を利用して繁殖する。

た芸とはまったく次元が異なるものだ。人と鳥とが互いに自由な関係の中で、「自然の一員として近所付き合いをしている」、そんな風に感じられた。

一年後の二〇一一年九月下旬、その後のびーびー君のことが気掛かりになり、二人に連絡をとってみた。「今年は姿を見せません」「クルミをたくさん拾って、いつ来るかわからないびーびー君を待っています」とのこと。一羽のヤマガラを想い、案ずる気持ちが伝わってきた。人と動物との関係は、人と人との関係にも似ている。一生のうちに、はたしてどれだけ真の友人に出会えるであろうか。びーびー君との出会いにより、自然と向きあう筆者自身の姿勢について改めて考えさせられた。

04　満開の桜花に浮かれる、人も鳥も

◎桜の花と日本人

桜は日本人にとって特別の花である。膨らむ蕾《つぼみ》を見ては開花を想い、開花宣言が待ちきれないかのように宴の準備へと気がはやる。いたるところに桜の名所があり、桜前線の北上と共に日本列島は春一色に染まる。桜には華やかな輝きがある。が、同時に、そこはかとない無常観が漂うのはなぜだろうか。「願はくば花のもとにて春死なんその如月《きさらぎ》の望月のころ」（西行*）、戦場に散る兵士たちの「同期の桜」の歌、桜には死のにおいがつきまとう。一斉に開花し、一斉に散る、その短命ゆえの潔さが、日本人の死生観と深いところで結びついているのかもしれない。

他方、鳥の目から見ると、開花期間は短いものの、見渡す限り一斉に咲いた花の蜜や花粉は実に大量であり魅力的だ。鳥たちがこんな美味しい食物源を見逃すはずがない。ここでは、一斉に開花する桜花をどんな鳥がどのように利用するのか、桜見と鳥見の楽しみを紹介する。

＊西行　平安時代末期に活躍した歌人（一一一八～一一九〇年）。『新古今和歌集』には最多の九四首が入選。花や月をこよなく愛し、山里の庵で孤独な暮らしを詠んだ。

＊ヒヨドリ（鵯）　***Hypsipetes amaurotis***　スズメ目ヒヨドリ科　甲高い声で「ピィーヨ、ピィーヨ」と鳴く。雑食性で昆虫、クモ、木の実、野菜の葉などを食べる。細長い嘴でサザンカ、ツバキ、サクラなどの花の蜜を吸う。一九七〇年代以降に都市環境に進出し繁殖するようになった。

◎本命はヒヨドリとメジロ

「ハチドリの嘴《くちばし》と吸蜜する花の構造」は、相互進化の事例としてよく知られている。鳥は蜜を求め、花は花粉を運ぶお駄賃として鳥に蜜を与える。日本にはハチドリのような吸蜜だけに特化した鳥はいないが、それに最も近い鳥はヒヨドリ*とメジロ*であろう。

どちらも細く尖った嘴をしており、花に差し込んで吸蜜しやすい。しかも、メジロの舌の先端は細かく糸状に分かれており、吸取紙のように効率的に吸蜜することができる。桜花はもとより、サザンカやウメ、ツバキなどさまざまな花で吸蜜する。ただし、満開の桜花で吸蜜するメジロやヒヨドリは、意識して探さないと見つからないことが多い。見渡す限りに咲く桜花の量があまりにも多いため、鳥たちは花の中に埋没してしまうのだ。

◎スズメの新しい戦術

ヒヨドリやメジロに対し、スズメ*やホオジロなどの嘴は太くて短く、雑草などの種子食に適している。吸蜜には不適であり、桜花とは無縁の鳥だと思っていた。

ところが一九八七年春、スズメが桜花を千切って落とす行動がマスコミで話題になった。それも悪戯などではなく、蜜腺のある萼《がく》の部分を千切り、蜜をなめてポ

＊メジロ（目白）*Zosterops japonicus*
スズメ目メジロ科　名は目の周囲にある白いリングに由来する。嘴が細く、舌の先が枝分かれしており、花の蜜を吸うのに適している。樹木の枝にクモの糸などを用いてハンモック状の巣を作る。冬季には群れで生活し、シジュウカラなどと混群を形成する。

＊スズメ（雀）*Passer montanus*
スズメ目スズメ科　人家周辺に生息し建物のすき間、樹洞、巣箱などで繁殖する。鳴き声や色彩は地味で目立たない。嘴は短くて太く、イネ科植物の種子などを食べるのに適している。雑食性で、昆虫やクモ、残飯など何でも食べる。六月頃より初冬にかけて街路樹などで集団ねぐらをとる習性がある。

写真 4.1　桜花を千切って蜜をなめるスズメ（2006 年 4 月 4 日、新宿御苑、東京都新宿区）

イッと捨てるのだ（写真4・1）。普通に花が散るときは、五枚の花弁がバラバラになって落ちてくる。スズメが千切った場合は五枚がくっついたままクルクルと回転しながら落ちてくる。蜜だけをせしめて花粉を運ばない盗蜜行動、花と鳥の互恵的な進化からすれば掟破りのようにも見える。ところが、実際にはスズメの羽数に比べて桜花の量は圧倒的に多いので被害は微々たるもの。しかも、今日、各地で植栽されている「ソメイヨシノ」（染井吉野）はオオシマザクラとエドヒガンの雑種であり、通常では実をつけない（ソメイヨシノ同士では結実しない「自家不和合」。ただし、近くに別の種の桜があると受粉し、結実する）。今のところは大きな問題にはなっていない。

花を千切って蜜をなめる行動は、スズメだけでなくシジュウカラや帰化鳥のワカケホンセイインコでも観察されている（写真4・2）。また、スズメと同様、実害はほとんど報告されていない。ただし、ウソの場合は、一二月～三月の長期にわたって花芽を集中的についばむため、大群が越冬する年には春の桜見物や桃や梅に被害が出ることもある。

◎コゲラ、ドバト、そしてヒドリガモ

意外な鳥が桜花を利用していることもわかってきた。二〇〇八年四月四日、里山の保全などに取り組んでいる網代春男氏より筆者の運営するホームページ「カラサワールド」の掲示板に「蜜をなめる？　コゲラ」と題して投稿があった。コゲラが桜の花に嘴を差し込んでいる写真も添えられていた（写真4・3）コゲラ*といえば枯木の中の昆虫をつついて食べる鳥だと思っていたので、花蜜を吸うコゲラの写真は衝撃的であった。

コゲラの吸蜜は稀なことなのか、それとも、よく見られることなのだろうか。コゲラの吸蜜行動について掲示板で問うてみた。東京周辺ではすでに桜の季節は終わろうとしていたが、鎌ケ谷市、八街《やちまた》市、横浜自然観察の森、慶応大学日吉校舎、東大和市など五ヵ所で観察事例が報告された。

練馬区在住の古屋真氏は、二〇〇二年三月一〇日に石神井《しゃくじい》公園（練馬区）でウグイスが桜花を吸蜜するのを観察したという。二〇〇八年三月三〇日、筆者

写真 4.2　桜花を千切って蜜をなめるワカケホンセイインコ（2008 年 4 月 4 日、新宿御苑、東京都新宿区）

* コゲラ（小啄木鳥）*Dendrocopos kizuki*　キツツキ目キツツキ科　キツツキ科の鳥の中では最も小型。波形に飛びながら「ギィー、ギィー」とドアーのきしむような声で鳴く。本来は森の鳥だが、近年、都市に進出し繁殖するようになった。枯れ木などをつついて昆虫を捕食する。時に木の実を食べ、花の蜜を吸うこともある。

はＪＲ両国駅に近い墨田区内の小公園で、スズメが樹上で千切って落とした桜花を、ドバトの群れが地上で食べるシーンを観察した。

さらに、二〇〇八年四月二日、じゅん菜池緑地（市川市）で越冬中のヒドリガモ*が桜花を食べるシーンを観察した。樹上でスズメが桜花を千切って落とし、水面に落ちた花を雌雄二羽のヒドリガモが競って食べていた。この日は、ほかにも、興味深い光景を目にした。カラスの悪戯なのか、水面や地上に花のついた小枝があちこちに落ちていた。小枝に房状についている一〇輪ほどの花をヒドリガモがつついて

* ヒドリガモ（緋鳥鴨） ***Anas penelope*** カモ目カモ科 雄の頭の色が緋色の鴨なのでヒドリガモという。冬鳥として九州以北の河川や湖沼、池、沿岸などに普通に生息する。

写真 4.3 桜花（品種「陽光」）に嘴を差し込んでいるコゲラ（2008 年 4 月 3 日、スマイル八街の森、千葉県八街市）撮影：網代春男

写真 4.4 水面に落ちた小枝の桜花を食べるヒドリガモ（♀）（2008 年 4 月 2 日、じゅん菜池緑地、千葉県市川市）

写真 4.5　降り積もった花を食べるヒドリガモ（♂）（2008 年 4 月 9 日、じゅん菜池緑地、千葉県市川市）

食べるのを見た（写真4・4）。一週間後の四月九日には、岸辺に落ちた花弁をヒドリガモが食べていた（写真4・5）。さらに二〇一三年三月三一日、松丸一郎氏は、水面に伸びた桜の枝先に飛びついて折り、花を水面に落として食べるシーンを観察している。

巡りくる春、どんな鳥が桜花をどのように利用するだろうか。「桜見」と「鳥見」の両方を楽しみたい。

■05　時間をかけて観察を楽しむ

一口に自然観察と言っても、いろんな方法があるし、あっていいと思う。鳥と向きあう姿勢は「十人十色」である。ただし、昨今のバードウォッチングは、珍鳥のみを追い回したり写真撮影にとらわれるなど、自然観察とはほど遠い印象を受ける。鳥のガイドや研究を職業にしている人は別として、人生を豊かにしてくれるための自然観察を目指すのであれば、不明の種に出会っても、あるいはその場では理解できないような行動を観察しても、性急に答えを求めたりせずじっくり懐で温めながら、あれこれと思いを巡らしながら楽しみたいものだ。ここでは、ちょっと時間をかけて観察した事例を紹介したい。

◎春まで待ってみようか……

筆者は、ほぼ毎朝、江戸川土手を散歩している。畑の隅で不明の雑草に出会ったのは二〇一二年一一月のことであった。一斉に芽生えた幼植物が、幅五〇～六〇センチ、長さ二～三メートルにわたってびっしりと生えている。葉は丸みがあり、草丈は五～六センチ。シソ科の植物らしいが花もなければ蕾《つぼみ》もない（写真5・1）。

植物の専門家に聞けばすぐに名前がわかるかもしれない。あるいは、芽生え専門の図鑑で調べるという方法もある。が、花が咲くまでしばらく待ってみることにした。

その植物は年を越し、一月中旬には雪に埋まったものの緑の葉は健在。二月の寒波で葉が赤味を帯びたがたくましく生長した。「いったいこの植物、何ものだろうか……」と思いながら、毎朝の観察が楽しみだった。二月二一日、ついにその正体が判明した。小さなピンクの花が咲いたのだ（写真5・2）。街中でもよく見かけるヒメオドリコソウ*であった。

江戸川の土手では、オオイヌノフグリやホトケノザも秋に発芽して越年し、二月末から三月にかけて開花する越年草だ（写真5・3）。越年草は、知識としては知っていたが、フィールドで芽生えから開花までを観察したのは今回が初めてであり、感慨深いものがあった。

◎アルビー君とその家族

時間をかけて観察したものがいくつかある。その一つが、近所の公園に住み着いているハシボソガラス*だ。正確には「ハシボソガラスの家族」である。

朝の散歩の途中に「大洲《おおす》防災公園」という公園に立ち寄る。二〇一二年夏頃、ここに三羽のハシボソガラスが住み着いていることに気づいた。一羽は幼鳥でやや小

* ヒメオドリコソウ（姫踊子草）　***Lamium purpureum***　シソ目シソ科　ヨーロッパ原産の越年草。北米や東アジア、日本に帰化。道端や公園・駐車場などに普通に生えている。在来種のオドリコソウに比べて小さいので「姫オドリコソウ」とした。

* ハシボソガラス（嘴細烏）　***Corvus corone***　スズメ目カラス科　ユーラシア大陸全域に分布し、見通しのよい草原や公園、河川敷、郊外の田園地帯に生息する。ハシブトガラスより小さく、嘴が細い。

写真 5.1　晩秋に芽生えた不明の植物（2012 年 11 月 21 日、千葉県市川市）

写真 5.2　2 月になって小さなピンクの花が開花。ヒメオドリコソウであることが判明した（2013 年 2 月 21 日、千葉県市川市）

写真 5.3 2～3月に開花するオオイヌノフグリ（2006年3月5日、千葉県鎌ケ谷市）

柄。残りの二羽は成鳥だ。幼鳥が成鳥にベギング（餌乞い行動）を行なうことから、両親と子供からなる家族と判断した。一〇月一六日、子供の初列風切羽《しょれつかざきりばね》の一部が白いアルビノ個体であることに気づき、「アルビー君」と名づけて観察することにした（写真5・4）。アルビー君の家族は、グラウンドの地面をつついてミミズを引き抜いたり、生け垣や池の岸辺で小動物を物色するなど、行動を共にしている。親鳥が餌を見つけると、大急ぎで飛んでいき、口を大きく開けておねだりをする。しかし、季節は一〇月下旬、親子が一緒にいるのは不自然だ。

親離れ（子離れ）の遅いアルビー君一家のことを小生のホームページの掲示板「カラサワールド」で紹介したところ、科学ジャーナリストとして多くの著書のある柴田佳秀氏よりコメントが入った。「ハシボソガラスは、ごく稀に翌年でも親子で一緒にいることがある」、「ヨーロッパのハシボソガラスにはヘルパーがいるそうなので、日本でも詳細に観察すると見つかるかもしれない」という。アルビー君がいつ親離れするのか、興味津々だ。一二月末になっても親子で池の氷をコンコンとつついて穴を開けたりしている。三羽は年を越し、さらに二月、三月になっても家族は維持されて、相変わらずアルビー君は親からの給餌を受けている（写真5・5）。このまま四～五月の繁殖期になれば、アルビー君、ヘルパーとして両親の子育てを手伝うかもしれない、とひそかに期待した。

写真 5.4　12 月に親鳥（右）と一緒に採餌するアルビー君（左、翼の先が白いアルビノ個体）（2012 年 12 月 25 日、千葉県市川市）

写真 5.5　越年してもアルビー君（左）に給餌する親鳥（右）（2013 年 1 月 26 日、千葉県市川市）

ところが親鳥による抱卵が始まった三月一五日からアルビー君の姿が見えなくなり、三月一九日には親鳥に追い払われている姿を見かけた。その後、公園からアルビー君の姿は消えてしまった。

◎市街地と江戸川のスズメ

もう一つの事例はスズメの羽数である。筆者は二〇一二年夏から朝の散歩を楽しんでいたが、散歩のついでに見かけた鳥の種類や何羽かをメモするようになった。鳥を見ると、種類や羽数を（年日時や場所なども）メモするのが昔から習癖になっている。最初のころは歩くコースもその日によって違っていたが、だんだんと一定のコースを歩くようになった。市街地を一キロメートルほど歩いて、江戸川の左岸に出て、土手の道を上流に約一キロメートル歩くコースが定まってきた。

せっかく記録をとるのであれば地図を作成し、左右の幅一〇〇メートル、距離約二キロメートルの観察コースを決めれば、単位面積当たりの個体数を調べることもできよう。地図の中に、観察した鳥の種類と羽数を記入するだけの単純作業ではあるが、どんなことが読み取れるだろうか。

二〇一二年一〇月からデータをとり始め、現在も継続している。二〇一四年三月末までの調査日数は計三九〇日。スズメだけで合計約六万四〇一六羽を数えた。ス

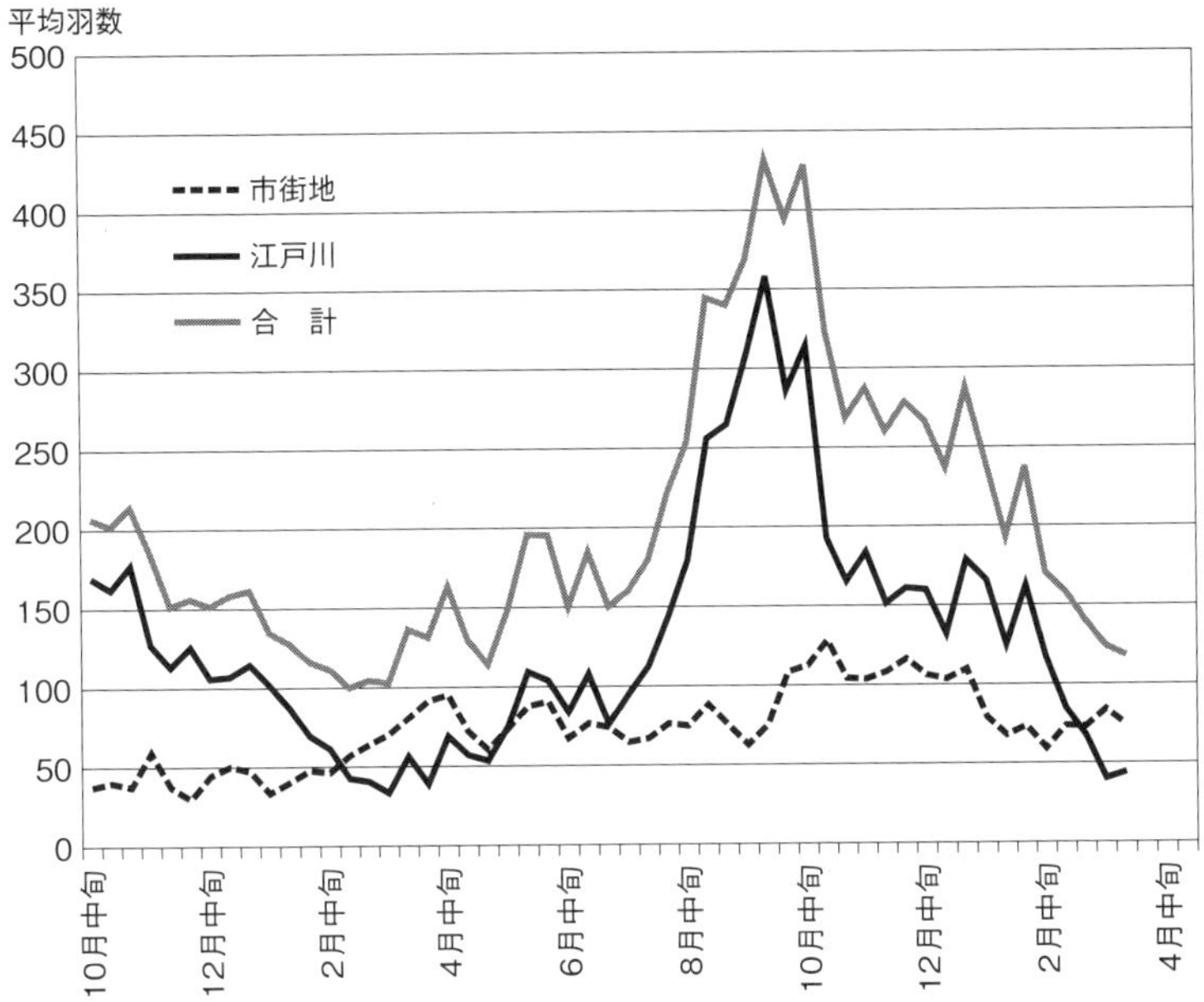

図 5.1　2012 年 10 月中旬～ 2014 年 3 月下旬（390 日間）における 1 日当たりのスズメの個体数の変化（上中下旬ごとの 1 日当たりの平均羽数で示した。実線は江戸川河川敷、破線は市街地、網線は合計数）

ズメの羽数変化をグラフにしてみると、図5・1のようになった。市街地では羽数が比較的安定しているのに対し、江戸川河川敷では夏から秋にかけて増加し、厳冬期の一二月、一月、二月には減少していく。市街地で育った幼鳥が江戸川の河川敷に集まって群れ生活をおくり、春までにその多くが死亡していくようにも見える。

ヒヨドリやツグミ、ムクドリ、ヒバリやカワウなどの個体数も、秋から冬、冬から春にかけてダイナミックに変化し、都市や河川の環境にうまく適応して暮らしていることがわかってきた。ここではその詳細は割愛するが、自然は時間をかけ継続的に調査することにより、いろんな姿を見せてくれる。

■06 原風景を振りかえる……

「原風景」を『広辞苑』で引くと、「心象風景の中で、原体験を想起させるイメージ」とある。心に感じたイメージの世界なので各人の感じ方は十人十色であり、それでかまわない。「日本の農村の原風景」といえば、筆者は生まれ育った山村の、田植えを終えた水田、藁葺きの農家、キノコを採った雑木林、鎮守の森……、などを思い浮かべる。しかし、父母や祖父母の世代、あるいは、子や孫の世代の「原風景」にまで思いをはせると、生活した時代により原風景そのものがさまざまに姿を変えながら変遷していることに気づく。ここでは、千葉県北西部に位置し、都心から二五キロ圏内にあって変貌著しい鎌ケ谷市の原風景を振りかえってみたい。

◎東京オリンピックを知らない世代

二〇一三年三月一〇日、鎌ケ谷市郷土資料館主催の「春の自然観察会」が行なわれた。七～八年前から講師を頼まれ毎年三月に実施しており、約三〇名の参加者の中には顔なじみになった方もいる。集合場所の公民館は、台地の上の梨畑に囲まれた八幡春日神社に隣接している。参道に沿った神社林は樹高二〇メートルを超えるケヤキやムクノキ、スギ等の大木が生い茂り、いかにも昭和の農村の原風景を連想させてくれる（写真6・1）。

神社林を観察したあと、台地から一五メートルほど下った低地へと移動した。「ここは今では畑ばかりですが、昭和三九年（一九六四年）頃はこんな景色でした」と言って、郷土資料館が準備してくれたパネル写真を披露した。「水田が広がり、かや葺きの農家もある。昭和三九年（一九六四年）は東京でオリンピックが開催された年です」

「東京オリンピックって知ってる？」

最前列にいた小学生の男児に質問してみた。もちろん知るはずはない。それどころか小学生の母親も「私も知りません。生まれていませんでした」。小学生にとっては目の前の畑がやがて原風景となり、年配者にとっては半世紀前のパネル写真の水田風景が懐かしい原風景である。

◎水田の開墾とハンノキ林

斜面林の下の農道を歩くと、ところどころで道にぬかるみがある。台地に降った雨が土中に浸透し斜面の下から湧き出ているのだ。さらに湿地を下って、谷地川《やじかわ》周辺のハンノキ＊林に到着した。ハンノキ林に入るには注意が必要だ。ぬかるみがあ

＊ハンノキ（榛の木）*Alnus japonica* ブナ目カバノキ科　樹高一五〜二〇メートルの落葉広葉樹で、中国・台湾・朝鮮半島・日本などの湿地や沼に分布する。田の畔に植えて稲の稲架としたり、川岸の護岸に利用された。

写真6.1　八幡春日神社。鳥居右手前には1972年の伐採時の樹齢が300年という一本松の切株が残る（2013年3月10日、千葉県鎌ケ谷市）

り、小さな川を越えねばならない。しかも、枯れたセイタカアワダチソウや草丈が三〜四メートルもあるオオブタクサの枯れた茎が行く手を阻んでいる（写真6・2）。夏にはクズの蔓が絡まり、ノイバラの鋭い刺《とげ》が衣服にひっかかり林内には入れない。毎年三月に観察会を行なうのはそのためでもある。

「ここのハンノキ林のあるところもかつては水田でした。しかし、耕作しないで放置すると、わずか数十年でハンノキ林に戻ってしまいます。水田は人の管理によって維持されていることがよくわかります」

「土壌中に水分が多いと樹木は酸欠で枯れてしまいます。しかし、ハンノキは耐水性を獲得することで湿地に適応した植物なのです」

ハンノキと水田稲作との関係は興味深いものがある。ハンノキの古名はハリノキ（榛の木）だ。「ハリ」は名詞で、「はる（墾る）」という動詞が変化したもの。開墾を意味する。ハンノキ林は地下水位が安定しているところに発達しているので水田に適しており、開墾するときの目安になった。また、根には根瘤バクテリアが共生し、空中窒素を固定して葉に蓄える。葉の寿命は短く、緑のまま落葉し土壌に窒素分を供給する。田んぼの畔に植えられたハンノキは稲を干す稲架《はさ》として利用されているが、緑肥《りょくひ》としても役立っている。それにしても、これだけの大木を、先人たちは人力とわずかな道具でどう伐採し開墾したのだろうか。谷津田の水田は、数百

写真 6.2　藪をかき分けてハンノキ林に入る自然観察会（2012 年 3 月 4 日、千葉県鎌ケ谷市）

年、数千年という年月を通して多くの労力を注ぎ込んできた努力の結晶である。その水田が、わずか十数年でたちまちハンノキ林に戻ってしまうのが今の農村だ。

ハンノキ林は水辺の環境として素晴らしいものがある。冬鳥としてやってくるマヒワやカワラヒワなどに食物を供給している（写真6・3）。しかし、水田や湿地を維持するにはハンノキは困りものだ。ラムサール条約に登録されている釧路湿原では、湿原保護のためにハンノキを伐採しているという。

◎梅田氏の語る鎌ケ谷の原風景

筆者は、長年にわたり鎌ケ谷市の市史編さん事業に参加し市内の鳥類調査を行なってきた。その中で興味深かったことの一つに、戦中、戦後から一九七五年（昭和五〇年）年頃まで狩猟をやっていた梅田厳雄氏からの聞き取りがある。

「谷地川ではドジョウやウナギがとれたし、土手でカワセミが繁殖していた。タマシギやヤマシギもいた。ヤマシギは、日中は雑木林にひそんでいて、近づくと垂直に飛び立つ習性があるので狩

写真 6.3　ハンノキの実を食べるマヒワの群れ（2009 年 2 月 26 日、大町自然公園、千葉県市川市）

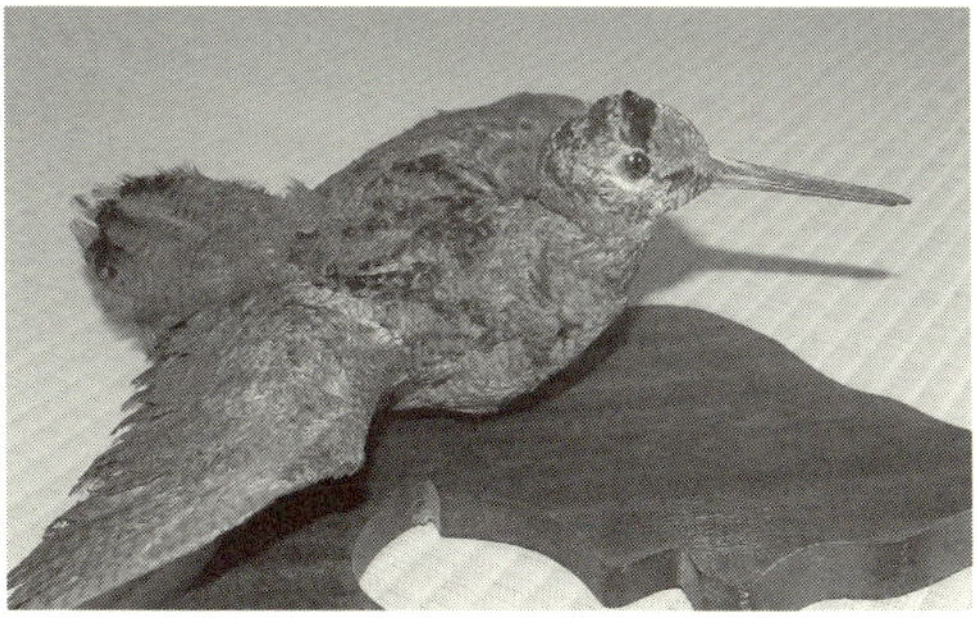

写真 6.4　50 年ほど前の鎌ケ谷には普通に生息していたヤマシギ。梅田厳雄氏所有の剥製標本（2011 年 1 月 28 日、千葉県鎌ケ谷市）

猟はむずかしかった」

「夕方には田んぼに移動し、長い嘴《くちばし》を差し込んでミミズを食べ、その食痕の穴が残っていた。冬は、湧水の出るところの水温が高くてミミズが多いので、ヤマシギが集まった」（写真6・4）

梅田氏が語ってくれた鎌ケ谷の原風景は、高度経済成長期以前の日本の農村を彷彿とさせるものがあった。

鎌ケ谷では、今や水田はすっかり埋め立てられ、市内のいたるところでマンションや住宅の建設が進んでいる。この日の観察会で一緒にハンノキ林に分け入った小学生は、学校の自由研究で野鳥を観察しているという。昭和がどんどん遠くなっていく昨今、平成生まれの少年の目に鎌ケ谷のハンノキ林はどのように映ったであろうか。

Ⅱ　鳥の視点で自然を見る

鳥たちの非凡な生態を楽しむ

巣造り中のツバメ

変化の絶えない都市環境にあって
何千年も変わらないツバメたちの巣作り。
ツバメの目に、人や都市はどう映っているのだろうか。

■07 ツバメの子育て、最新情報

ツバメ*は、人家で営巣し、人の存在を利用して天敵から卵や雛を守ると言われている。人への依存が強いだけに、ことあるごとに人事の影響を強く受ける。二〇一一年三月一一日の東日本大震災のように、津波によって一瞬にして営巣場所を失うこともある。火山噴火や原発事故などで住民が避難してしまった場合、人のいなくなった街で、これまでのように繁殖できるかどうかもわからない。その他にも、都市の空洞化、郊外の宅地化、山村の過疎化、鉄道や道路の開通、高層ビルの出現、都会人のライフスタイルの変化など、ツバメを取り巻く環境は常に変化している。ここでは、これまでに筆者が観察してきた東京都心や千葉県市川市などのツバメの子育ての中から、興味深い事例をいくつか紹介したい。

◎秋葉原駅でも繁殖していたツバメ

筆者の住む千葉県市川市は、人口約四四万人。東京に隣接し、東京駅まで総武線快速で二〇分。至便さもあり、高度経済成長期に都市の景観は一変してしまった。新しく鉄道や道路が開通し、宅地化、都市化が一気に進行し、田畑はすっかり姿を

* ツバメ（燕）*Hirundo rustica*
空中を自在に飛び交い飛翔昆虫を捕食する。また、飛びながら飲水し、水浴を行なうなど、空中生活に高度に適応している。日本では水田稲作の害虫を食べる益鳥として愛護され、かつては屋内で繁殖した。都会では駐車場、駅や商店街などで人に見守られながら繁殖している。

消してしまった。市川だけでなく、東京を取り巻く松戸や浦和、大宮、立川、川崎、横浜なども似たような状況ではなかろうか。

市では数年前より「市史編さん」事業にとりかかり、筆者も調査員の一人として鳥類調査を行なっている。中でもツバメは、一九八五年に東京都心から国鉄（現JR）総武線に沿って市川市までの各駅で営巣状況を調べたことがあるので、当時と現在とを比較することにより、ツバメの生態、あるいは都会人や街がどのように変化したかを知ることができる。「ツバメを通して都市の変遷を知る」、これこそツバメ・ウォッチングの醍醐味である。

二〇一〇年春、東京都心からJR総武線に沿って千葉県市川市まで、駅のツバメを調べてみた。結果は驚くべきものだった。二五年前、御茶ノ水駅、神田駅、上野駅、秋葉原駅、両国駅、錦糸町駅など、ほとんどの駅でツバメが繁殖していた。御茶ノ水駅の改札では、切符を切る駅員の頭上に巣があり、近くの神田川で捕らえた餌を親鳥が頻繁に雛に運ぶ姿が見られた。江戸川を渡った市川市内でも市川駅や本《もと》八幡《やわた》駅で繁殖していた。しかし、これらのどの駅でもツバメは繁殖していなかった。かつて駅員が切符を切っていた改札口は自動改札に、駅舎の壁面はすっかり新建材に置き換わっている。わずか二〇〜三〇年の間に、駅からツバメの姿が消えてしまったのだ。

この話をT氏に話したところ、「千葉駅では毎年子育てしていますよ。内房線の五井《ごい》駅（市原市）では二〇個もの巣がある。減ったなんて考えられない」と言って証拠写真を送ってくれた。また、調査員のS君によれば「市川市内では、北総線の北国分駅で繁殖している」という。これにも驚いた。北総線は市川市北部の台地をトンネルで通過して成田空港に通じており、北国分駅は半地下にある。天敵のカラスを避け、ついに地下にもぐって子育てするようになったようである。

都心の駅で姿を消したツバメだが、郊外の駅ではまだ繁殖しているところも多いようだ。最近の研究によれば、ウェブサイトを利用し、関東地方一都六県の鉄道のすべての駅一七五八ヵ所でツバメの営巣調査を行なったところ、二八三駅で営巣が確認されている。*

* 渡辺仁『URBAN BIRDS』七一号、二一～二四頁、都市鳥研究会、二〇一三年。

◎様変わりした旧街道と商店街

道路とツバメの関係も様変わりしている。市川と松戸を結ぶ「松戸街道」では、かつてツバメが軒並みに繁殖していたが、二〇一〇年には一巣のみ。千葉街道でも繁殖場所はわずかに二ヵ所である。巣の痕跡は残っていても、今では繁殖はしていないところもある。行徳街道では、越川重治氏が二〇年前に調査した時には軒並み繁殖していたが、二〇一一年の調査では古巣は残っているものの、繁殖しているも

写真 7.1　今でも多数のツバメが繁殖している長瀞の秩父館（2010 年 9 月 9 日、埼玉県秩父郡）

のはなかった。行徳街道は、かつては江戸からの船着場があり、成田詣での中継地として大いににぎわっていた。今ではバイパスの方が交通量も多く、活気がある。旧街道でツバメが減少したのは、郊外に大型のスーパーが出現し、商店街が衰退したことも原因の一つのようだ。人通りが少なく、文字通りのシャッター街に変わってしまった。

「市川のツバメ、消滅してしまうかも……」と心配していたところ、市の北部の梨畑などのある農家や新興住宅地などを調査したK氏、「小さな一戸建ての家の玄関で、そっと息をひそめて子育てしていますよ。にぎやかな商店街や駅ではなく、狭い路地の住宅地で繁殖している」というのだ。従来の「人通りの多い商店街で繁殖」という戦略を転換したのであろうか。ツバメたちは、総武線に沿った駅や旧市街地では激減し、郊外の新天地に活路を見いだしているようにも見える。

一方、越谷市在住の石井秀夫氏によれば、道の駅「庄和」（埼玉県春日部市）には二〇個近い巣があるという。二〇一一年六月末に現地を案内してもらい、ツバメの一大繁殖地を確認することができた。周辺には水田が広がり、巣材の泥や餌になる飛翔昆虫も容易に入手できる。ツバメが繁殖するにはもってこいの新天地だ。

「道の駅」と同様に、中央高速道路の談合坂サービスエリアや館山道の市原サービスエリアなど、高速道路の「サービスエリア」でも多数のツバメが繁殖するようになった。郊外に条件のよい営巣地があると、ツバメの巣が集中する傾向があるようだ。埼玉県長瀞《ながとろ》町の秩父館（写真7・1）、JR武蔵野線の東浦和駅前の駐輪場などはその好例であろう。イワツバメのような密集したコロニー*ではないものの、一つの建物で多数のツバメが繁殖している事例が各地で観察されている。

◎生き残るツバメたち

都市鳥研究会*による東京都心のツバメ調査でも、皇居に面した大手町から丸の内地区の繁殖場所は激減している。一九八四年には八ヵ所あったが、二〇一〇年には読売新聞本社の一ヵ所を残すのみとなった。その本社ビルも二〇一〇年九月に解体工事が始まり、二〇一一年春にはついに繁殖巣数はゼロになった。その一方で、ビル街から離れた皇居内の皇宮警察本部の建物で、ツバメがひっそりと繁殖している

＊コロニー（colony）　カワウやウミネコ、イワツバメ、サギ類などで見られる集団繁殖のこと。多数の巣が密集して繁殖する。ツバメの場合は単独で繁殖するが、営巣に適した場所が少ないところでは「コロニー状」に集まることがある。

＊都市鳥研究会　都市環境に生息する鳥類（都市鳥）の生態を解明することを目的とした団体。一九八二年に発足。長年にわたり東京都心のカラスやツバメの個体数の変遷を調査している。会報『URBAN BIRDS』を発行。

写真 7.2　緑地に囲まれた皇宮警察本部で繁殖したツバメの巣（2010 年 8 月 20 日、東京都千代田区）

写真 7.3　24 時間営業の無人のコインランドリー（2010 年 6 月 15 日、千葉県市川市大野 4 丁目）

写真 7.4　24時間営業の無人のコインランドリーの中で繁殖中のツバメ（2010年6月15日、千葉県市川市大野4丁目）

のが見つかった（写真7・2）。市川市郊外の戸建て住宅で、カラスの目をさけて繁殖しているのによく似ている。

この他に時代の変化を反映しているものとしては、ガソリンスタンドで繁殖するツバメがあげられる。二〇〜三〇年前、市川市内の幹線道路のいたるところにガソリンスタンドがあり、たくさんのツバメが繁殖していた。今では、ガソリンスタンドを探すのが容易ではない。しかも、従業員の常駐しないセルフサービスのところが多くなった。その一方で、無人で二四時間営業のコインランドリーで繁殖するツバメも見つかっている（写真7・3、写真7・4）。ここでは、深夜でもドアは開き、不特定多数の人が入れ替わり利用している。わずか二〇〜三〇年の間に、ツバメの繁殖は様変わりしたかのように見える。「日本の街や人々の暮らしが変化した」とも言えるし、「ツバメは人為環境の変化にその都度柔軟に適応しながら生きのびている」と言ってもよいかもしれない。

■08　八方尾根のツバメと高山植物

この世の中、「総論賛成、各論反対」ということが多い。一般論では理解したつもりでも、我が身に火の粉が降りかかるとなれば話は別だ。一般論など吹っ飛んでしまう。自然観察でも、時には生態学の一般的な知識が通用しないことがある。「例外のない英文法はない」というように、自然現象もけっこう例外が多い。しかも、その例外が実に面白く、新しい視点の開拓につながることもある。ここでは、教科書的な常識だけでは得られない事例として、北アルプスの八方尾根の生物について取り上げたい。

◎八方尾根と蛇紋岩

二〇〇九年七月三〇日、八方尾根にのぼるゴンドラを待っていた時のこと。

「あれ、先生じゃないですか、唐沢先生ですよね。私です、植松ですよ」

これには驚いた。植松晃岳さんといえば、日本鳥学会を通して知り合った鳥仲間であり、北アルプスや安曇野の自然を熟知したナチュラリスト。自然ガイドのエキスパートだ。

「驚いたな、ここで会うとは。今日は何ですか」

「八方池まで山のガイドです。四〇名ほどの案内でね。じゃあ、上の駅で会いましょう」

ゴンドラとリフトを乗りつぎ、標高一八三〇メートルの終着駅に到着。八方山荘の前で植松さんと再会した。

「植松さん、一つ教えて下さい。蛇紋岩《じゃもんがん》＊というのはどれですか？」

「そこらの岩、みんなそうですよ。登山道の石も、トイレの外壁の石垣もほとんどが蛇紋岩です」

なるほど、石の表面が蛇の皮の紋様をしている。文字通りの「蛇紋岩」だらけだ（写真8・1）。

「蛇紋岩、面白いですよ、いろんな固有種を進化させてきましたからね」

「確か、ハッポウアザミやハッポウウスユキソウも蛇紋岩の影響ですよね」

「よく知っていますね。先生、面白いのは植物だけじゃないです。アズミキシタバ＊という蛾の一種は、蛇紋岩の岩場に生えるイワシモツケ（岩下野、バラ科の落葉低木）だけを食べて育ちます」

八方尾根の蛇紋岩、いったい何ものだろうか。

蛇紋岩はマグネシウムやクロム、ニッケルなどの重金属を多く含んでいる。ニッ

＊蛇紋岩　岩石の表面にヘビのような模様があるので蛇紋岩。風化しもろくて崩れやすい。ニッケルやクロムなどの重金属を多く含み、植物の生育が阻害されその山独特の植物が進化することがある（これを「蛇紋岩マジック」という）。

＊アズミキシタバ（安曇黄下翅）***Catocala koreana***　チョウ目ヤガ科　前翅長二〇ミリの蛾の仲間。国内では白馬山周辺、奥只見（新潟県）のみで発見。幼虫の食草は蛇紋岩地帯に生えるイワシモツケ（日本固有種）。

ケルは植物の生育にとって障害となり、多量のマグネシウムは植物の水分吸収能力を低下させてしまう。そのため普通の植物の生育は困難であり、八方尾根に特有の植物だけが進化したという。八方尾根だけでなく、谷川岳、至仏岳《しぶつ》（尾瀬）、早池峰山《はやちね》、夕張山などに独特の高山植物が進化したのは、これらの山が蛇紋岩系の山だからである。このような蛇紋岩による特異な植物が生じることを「蛇紋岩マジック」という。

◎高山蝶が吸蜜し、アキアカネが群れる

植松さんと別れ、改めて八方尾根を見直してみた。崩れやすい蛇紋岩のガレ地には八方に特有のハッポウウスユキソウ*が群生している。そっと手をのばすと、そのまま足場が崩れ、ガラガラと谷底に落下しそうになる。そういえば、このウスユキソウの仲間はヨーロッパではエーデルワイス（Edelweiss）の名で知られている。この可憐な愛する女性に捧げようと、どれほど多くの若者が岩場で命を落としたことだろうか。第一ケルン（一八二〇メートル付近）で見つけたハッポウタカネセンブリも蛇紋岩が作り出した固有種の一つだ（写真8・2）。

標高二〇〇〇メートル以下なのにハイマツが生え、お花畑が見られる。「草本植物だけじゃなく、ここではコメツガやシラビソなどの針葉樹も背丈が低い」という

＊ハッポウウスユキソウ（八方薄雪草）*Leontopodium happoense* キク目キク科 エーデルワイスの仲間で、八方尾根と遠見尾根のみに分布。ミネウスユキソウの変種。葉が水平ではなく斜め上向き（四五〜六〇度）につく。

写真 8.1 表面の模様が蛇に似た蛇紋岩、重金属を含む（2009 年 7 月 30 日、八方尾根、長野県北安曇郡白馬村）

植松さんの言葉を思い出した。高校の生物教科書には、中部山岳の場合、「標高一五〇〇～二五〇〇メートル付近の亜高山帯はコメツガやシラビソなどの針葉樹林の林。二五〇〇メートル以上の高山帯はハイマツ林やお花畑」と書いてある。もちろん大学入試でもそれが正解だ。ところが、八方尾根では蛇紋岩の影響で二〇〇〇メートル以下でもハイマツやお花畑が発達しているのだ。

ハイマツ林では多数のアキアカネが群れている。クガイソウの花では、高山蝶のクジャクチョウが吸蜜に余念がない（写真8・3）。高山帯や亜高山帯の普通の景色のようにも見えるのだが、蛇紋岩の影響を受けて八方の動植物の垂直分布はきわめて特殊であり、一般法則の例外なのだ。

写真 8.2　蛇紋岩の影響で特殊な進化をとげたハッポウタカネセンブリ（2009年7月30日、八方尾根、長野県北安曇郡白馬村）

◎日本最高地のツバメの巣？

八方山荘（標高一八三〇メートル）の近くを一羽のツバメが飛んでいた。「おや？」と思ったものの、「こんな高所にまで飛んできて餌をとっているんだな」と思うにとどまっていた。ところが、家内は「トイレの入口でツバメの巣を見つけた」という。「まさか、こんな標高の高いところでツバメが繁殖するはずがない」、「イワツバメの間違いだろう」と思ったのだが、とりあえず確認だけはしておこうと思った。石を積み上げたがっちりしたトイレの入口から一メートルほど入った壁面に

写真 8.3　クガイソウの花で吸蜜するクジャクチョウ（2009 年 7 月 30 日、八方尾根、長野県北安曇郡白馬村）

写真 8.4　標高 1830m の八方山荘のトイレで抱卵中のツバメ（2009 年 7 月 30 日、八方尾根、長野県北安曇郡白馬村）

は、確かにお椀型のツバメの巣があり、抱卵中であった（写真8・4）。「ツバメは農家や街中の駅や商店街で繁殖する」、「高山で繁殖するのはイワツバメ」という先入観にとらわれ、観察眼が曇っていたようだ。

北アルプスをバックに飛び交うツバメを見ていると、谷間から吹き上げてくる飛翔昆虫には事欠かない。ツバメの卵や雛を狙う天敵のカラスは少なく、巣を乗っ取るスズメ*もいない。大勢の登山者に見守られ、ツバメの繁殖は可能であるらしい。ひょっとしたら日本で、あるいは世界で最も高所で繁殖しているツバメかもしれない。

常識という自然観察の壁を乗り越えるのは容易ではない。が、その壁をひっくりかえしてみると、それまで見たこともない新しい世界が見えてくる。

＊巣を乗っ取るスズメ　スズメは巣箱や樹洞、屋根のすき間などに営巣するが、繁殖に適した場所は限られている。そこで、ツバメの巣を乗っ取って繁殖することがある。お椀型の巣の上にワラや羽毛などの巣材を詰め込んで小さな出入り口を作り、尾の長いツバメは出入りできなくなる。

09　白山山麓の限界集落を巡る

森林限界といえば、それ以上標高が高くなると森林が成立しないギリギリの限界線をいう。低温や風雪にさらされ、樹木にとっては生きてはいけない厳しい環境とのせめぎ合いとなる。いま全国の山村では、人々が暮らしていけるかどうかギリギリの瀬戸際に立たされている集落がいたるところにある。過疎化、高齢化に伴い、村落共同体としての機能が維持できなくなる寸前であり、「限界集落*」とも呼ばれている。こうした集落では、人に随伴して生きてきたスズメやツバメなどもまた去就を迫られることになる。ここでは、白山山麓（石川県）の限界集落を巡って見聞きした、人と鳥の生活の一端を紹介したい。

＊ 限界集落　六五歳以上の占める人口の割合が五〇％以上の集落。高齢化により共同体としての機能が維持できなくなる。さらに高齢化、過疎化が進めば超限界集落や消滅集落となり、人と共存してきたスズメやツバメも消失していく。

◎たった一羽のスズメを求めて

羽田発の飛行機から雪に覆われた白山の山々を眺めることができた。稜線と深い谷間が複雑に入り組み、その谷の一つ一つに集落があり、人々の暮らしがある。人も動物も、厳しくも恵み豊かな自然の中で生計を営んできた山の文化と歴史のある地域である。二〇一三年四月二〇～二二日、金沢市での講演のついでに、旧知の林

写真 9.1　限界集落の一つ「左礫」の景観。集落周辺の水田は放棄され、雑草でおおわれる（2013 年 4 月 20 日、石川県白山市左礫）

哲氏に白山山麓を案内してもらった。

小松空港から車で四五分、早速、大日川《だいにちがわ》流域の「左礫《ひだりつぶて》」へと向かった。一五年前にも一度訪ねたことのある集落だ。気温は九℃、肌寒い。立派な建物はあるが、スズメの声がない。姿もない。一九五五年には一八〇名だった人口が二〇〇五年には二七名と過疎化が進み、現在、人が住んでいるのは一〇軒前後。高齢者が多く、集落周辺の水田は放棄され草ぼうぼうである（写真9・1）。スズメは年によって繁殖したり、しなかったり。左礫より上流の集落では繁殖せず、下流の集落では普通に繁殖している。大日川流域のスズメにとって、左礫が繁殖の最前線であり、生き残れるか否かの限界の集落である。「一羽いるか、いないか」、それが問題なのだ。

林氏と二人で集落内のスズメを探した。ホオジロ、アオジ、シジュウカラ、キジバト、キセキレイ、ツバメ、ハシブトガラスなどを確認した。が、肝心のスズメが見つからない。一時間ほど探したがついに見つからず、諦めかけていた時であった。「いましたよ。あそこの瓦屋根に一羽」と林氏が指さす屋根を見ると、巣材をくわえたスズメが瓦の下にもぐり込もうとしていた。たった一羽のスズメ、これ見たさに白山にやってきたのだ（写真9・2）。この集落ではスズメは夏鳥である。雪解けを待って、まずは雄が単独で飛来

写真 9.2　左礫で見つけた 1 羽のスズメ。夏鳥として雄が渡来し、雌の飛来を待っている（2013 年 4 月 20 日、石川県白山市左礫）

写真 9.3　かつてスズメが繁殖したことがある阿手の集落。水田は放棄され草ぼうぼうである（2013 年 4 月 20 日、石川県白山市阿手）

し、雌のくるのを待つ。はたして雌がやってくるかどうかはわからない。また、一体どこから、そして、なぜわざわざ過疎の集落に飛来するのかも知りたいところである。

◎スズメのいない「阿手」集落

左礫より上流には、川に沿って三ツ瀬、数瀬《かずせ》、阿手《あて》などの集落がある。現在はどの集落でもスズメは繁殖していない。ただし、林氏の調査によれば、阿手では一九九〇年代前半頃は二～三番《つがい》が繁殖していたという。一九五五年当時の阿手の人口は一九四名、七面鳥を飼育していた禽舎で餌をとって繁殖していたという。二〇〇五年には人口は二二名に減少。水田や畑も激減し、スズメは繁殖していない。

阿手では建物は残っているが、人の姿を見かけない。廃屋があり、豪雪に押しつぶされた家もある（写真9・3）。そんな阿手集落の中で唯一ツバメが繁殖しているというAさん宅を訪ねた。作業場の天井にはツバメ用の巣台があり、巣の下には犬がはべっている。ワサビやカタクリの花が咲き、ツバメの飛来も間近な雰囲気であった。農作業中のAさんにスズメについて尋ねてみた。

「スズメが飛んでくることはありませんか？」

「二年ほど前に見たことがある」

「一羽ですか？」

「いや、一〇羽くらいの群れだった」

「見たのは春の繁殖の頃ですか？」

「いや、雪の降る前だったので、一一月頃だったと思う……」


阿手では、現在ではスズメは繁殖していない。しかし、時として集落に飛来するスズメがいるらしい。スズメたちは、深い山や谷の奥にわずかに人の住む集落があるということをどのように知るのだろうか。ともあれ、スズメたちは全国各地を移動しつつ、山の奥深くまで入り込んでいるようである。

◎サンパチ豪雪の記憶

四月二二日、直海谷川《のみだにがわ》流域の内尾《うちお》の集落を一巡した。東京より一ヵ月遅れでソメイヨシノが満開であった。人は少なく、スズメもツバメもいない。渡来したばかりのオオルリやキビタキを追っていくと、「内尾小中学校跡」という石碑を見つけた。この地に学校があり、子供たちがいたという証でもある。

集落の外れにはイワナの養殖池がある。ミサゴやトビ、ハシボソガラスなどが魚を狙って飛来する。ミサゴを見上げながら、地元のTさんから昔の集落の生活や豪雪の話をうかがった。

「内尾小中学校は昭和四四～四五年頃まであった。児童生徒数は九〇名。集落はにぎわい、どの家でもツバメが繁殖し、スズメもたくさんいた」

「昭和三八年（一九六三年）の豪雪がサンパチ豪雪。一月中旬から大雪となり、電線をまたいで歩いた。集落は孤立し、当時中学三年だった私は、二月三日の金沢市での私立高校の入試は受験できなかった。県立高校の入試では親と一緒に下山し、途中の村役場で一泊して金沢市に向かった。知人の家にも一泊して受験した」

サンパチ豪雪の積雪は、金沢市で一八一センチ（一月二七日）、福井市二一三センチ（一月三一日）、長岡市三一八センチ（一月三〇日）の記録がある。豪雪による死者二二八名、住宅の全壊七五三棟、半壊九八二棟。多くの野生動物も犠牲になったことであろう。かつて、奥日光では豪雪によりシカの個体数がコントロールされていた。シカやカモシカが増加したのは、温暖化で積雪が少なくなったことも原因していると言われている。

スズメやツバメは、白山山麓の過疎の集落では明らかに激減し、消滅しつつある。しかし、開けた平野部に下ってみると「道の駅」の軒下にはたくさんのスズメの巣があり、ルーズなコロニー状態であった。「スズメもツバメもしたたかに生きのびている」「生きのびて欲しい」というのが、期待を込めての筆者の印象であった。

10　釣り人ウォッチングするサギ

◎はじめに

〝孤独は山になく、街にある。一人の人間にあるのでなく、大勢の人間の「間」にある〟——三木清の『人生論ノート』の言葉だ。バードウォッチングも、鳥と鳥の間に、あるいは鳥と人との関わり合いの中に醍醐味があるように思う。どれほど高性能の望遠鏡や顕微鏡を用いようと、鳥そのものを見ている限りけっして見えてこない部分がある。ここではサギ類のさまざまな行動の背後に見え隠れする人間模様や都市環境について触れてみたい。

◎目先の赤いコサギの観察

コサギ*は日本各地にごく普通に生息している。嘴《くちばし》は黒色、目先の裸出部分や足指は黄色である。ところがある年の四月二一日、千葉県市川市の大柏川《おおかしわがわ》で目先がピンクを帯びた赤色のコサギを観察した。繁殖の時期に特別な色に変化したもので婚姻色という。このコサギ、後日談がある。

四月二五日、もう一度赤い目先のコサギを見に出かけた。岸辺をゆっくり歩きな

＊ コサギ（小鷺） *Egretta garzetta* コウノトリ目サギ科　小型の白サギでアフリカ・アジアの熱帯・温帯に広く分布。温帯のものは冬季には暖かい地方へ移動するものもいる。足の指は黄色で、夏羽では頭に二本の冠羽が現れる。また、背の飾り羽の先が巻き上がる。

がら獲物を探していた。しかし、この大柏川、お世辞にも綺麗な川ではない。下流で日本の汚濁ワースト一のレッテルを貼られたことのある春木川からの水が合流し、東京湾の三番瀬へと流入する。時に悪臭が漂い、ゴミも多い。三面をコンクリートで固められた都市河川であり、生物多様性からはほど遠い、と思っていた。「なかなか魚がとれず、ここで生きていくのは大変だな……」と思いつつ、コサギの行動を追った。観察を開始して二〇〜三〇分後のこと、コサギの動きがピタリと止まった。水面の一点をじっと見つめたまま身動き一つしない。その直後、一気に二〜三メートルダッシュして川に飛び込み、水しぶきが上がった。捕らえたのは嘴からはみ出るほど大きな魚だ。目視だが体長一二〜一三センチはあろう。大きすぎてすぐには飲み込めない。魚の方も体を左右に振って飲み込まれないよう必死に抵抗している。捕らえた魚は何だろうか。モツゴにしては大きすぎるし、ウグイやオイカワでもなさそうだ。

帰宅し、撮影した画像をパソコン画面で拡大してみてびっくり。背びれと尾びれの間に「脂《あぶら》びれ」がある。ということは魚は「アユ」だ（写真10・1）。

アユは清流にすみ、秋に産卵して生活史を終える。孵化した稚魚は海に下り、翌春に再び川を遡上してくる習性がある。汚いと思っていた大柏川だが、水質が浄化してきたのだろうか。稚魚が四月上旬に遡上してきたとして、四月末までに一二〜

写真 10.1　コサギが捕らえたアユ。アユの特徴である脂びれ（写真の矢印）が見える（2008年4月25日、大柏川、千葉県市川市）

一三センチにまで成長するだろうか。魚の専門家からのコメントによれば、アユの成長はとても速く、体サイズの成長率は日に三パーセント以上に達するという。四月末に一二～一三センチになることは十分に可能だそうだ。一般にはあまり知られていないが、アユの遡上は早いところでは二～三月頃に始まっているらしい。

アユ復活の背景には、大柏川の上流での水質浄化対策が功を奏するということがあったのかもしれない。一九九二年、都心の神田川で天然アユが捕獲されて大ニュースになったが、この時も、アユ復活の原因が都市河川の水質浄化にあったことを思い出す。コサギがアユの復活や水質浄化を教えてくれたことになる。同時に、サギやカイツブリなどの魚食性水鳥の胃袋が川魚の急速な成長に支えられていることもわかった。

◎釣り人をウォッチングするサギ

サギ類の話題がもう一つある。釣り人にすり寄ってくるサギである。釣り人から魚をいかに巧みにいただくか、その現場と手口を紹介しよう。といっても釣り人から金品をだまし取ろうとするサギ（詐欺）ではない。

都立水元公園《みずもと》*（東京都葛飾区）は多くの釣り人に親しまれている水郷である。岸辺にずらりと座っている釣り人の近くに、一～二羽のサギ（コサギ、ダイサギ、アオサギなど）が釣り人の近くで釣り竿の先や水面の浮きを見つめている（写真10・2）。人を恐れないこのサギたち、何をしているのだろうか？

サギたちは、釣り人が魚を釣り上げるたびに、敏感に反応する。魚が大きなヘラブナであれば見向きもしない。ところが、モツゴ（クチボソ）やタイリクバラタナゴといった雑魚であれば血相を変えて飛んでいく。釣り人も心得たもので、雑魚の場合は釣り針から外してポイッとサギの方に投げ与える（写真10・3）。サギの目は鋭く、四〇～五〇メートル離れた対岸の釣り人もしっかり監視している。小魚が釣れれば目の色を変えて飛んでいく。長良川では人がウミウに魚を捕獲させ、水元公園ではサギが人に魚を釣らせているかに見える。

サギが釣り人の釣った雑魚を食べる。そのシーンを近くでしっかり見ているのがハシボソガラスだ。釣り人やサギがいなくなるころを見計らい、捨てられた魚を探す。時には一度に三尾ものモツゴをくわえて人家の方へと飛び去ることもあった。

柴田佳秀氏は、二月中旬の手賀沼《てがぬま》で釣り人の真ん前に置いたバケツの中から小魚

＊ 都立水元公園　葛飾区にある都内最大の公園（面積約九三万平方メートル）。水郷として釣り人に親しまれ、桜や花菖蒲の季節には大勢の人でにぎわう。かつては古利根川の一部であったが、河川改修によりため池（小合溜）として管理されてきた。一九六五年に都立公園として開園し、バードサンクチュアリやオニバス保護の池、金魚の養魚場などがある。トンボ類が多く生息し、オオモノサシトンボ（絶滅危惧種Ｉ類）が昭和一一年に世界で最初に発見された。

写真 10.2　釣り人をウォッチングするダイサギ（2007年7月8日、都立水元公園、東京都葛飾区）

写真 10.3　釣り人が投げ与えたモツゴをくわえるダイサギ。右側はコサギ（2007年7月8日、都立水元公園、東京都葛飾区）

写真 10.4　バケツの中の魚（タイリクバラタナゴ）を食べるコサギ（2008 年 2 月 20 日、手賀沼、千葉県我孫子市）撮影：柴田佳秀

をとって食べているコサギを観察している。（写真10・4）。ここでも、釣り人の目は優しく、サギが食べるのを楽しんでいるかのようだ。こうした人の態度や心情に呼応するかのように、コサギは人を恐れず、ますます接近してくるようになる。

人の釣った魚を食べるサギ、そのサギの行動を楽しむ釣り人、それをカラスがウォッチングしている。こうした人と鳥の関わり合いは今後どこまでエスカレートするのだろうか。また、水元公園や手賀沼だけで見られる行動であろうか。鳥と人の、あるいは鳥と鳥との間に見られる関係の面白さは興味つきないものがある。

■11　コサギが捕らえたカエルの正体

筆者は、長年にわたって自然観察を楽しんできたが、「こんなことは滅多にないだろう」、「もう二度と見られないかも……」という観察に何回か出会っている。その一つが、「コサギが捕らえたカエル」である。たまたまこのコサギに出会ったのは二〇一一年一月二五日。舞台となったフィールドは千葉県市川市の大町自然公園*（自然観察園ともいう）で、筆者のホームグラウンドの一つである。

◎ムラサキツバメの集団越冬

冬の公園は、越冬中のヤマシギ（写真11・1）やオオアカハラ（アカハラの亜種）を観察する人でにぎわっていた。ただし、筆者のこの日のお目当ては、「蝶」であった。

「今年もムラサキツバメ*が集団越冬しています」という知らせを受け、一月二五日に知人の木村一彦氏に現地を案内してもらった。「ツバメ」の名がついているのは、後翅《こうし》の後方にのびる突起をツバメの尾羽に見立てたものであろう。

「あのアオキの葉の上ですか……？　言われてみるとたしかに蝶のようにも見える

＊大町自然公園　千葉県市川市北部に残る谷津田の湿地や斜面林をいかし、一九七三（昭和四八）年に大町自然公園として開園。湿地の植物、斜面林、昆虫、鳥類、湧水などの観察に適している。現在は名称が大町公園となり、自然観察園、動植物園、バラ園などを含むように変わったが、本書では市民に親しまれてきた開園時の名称を用いた。

＊ムラサキツバメ（紫燕）　*Narathura bazalus*　チョウ目シジミチョウ科　美しい紫色の翅の蝶で、後翅に細い突起（尾状突起）がある。ヒマラヤから中国南部、台湾、日本に分布する南方系の蝶。食草はマテバシイ。

写真 11.1　林縁の湿地で忍者のように身動きしないヤマシギ(2011年1月25日、千葉県市川市)

けど……」

「翅《はね》をたたむと、翅の裏は淡い褐色で目立たないね、表は紫色がきれいなんだが……」

「しかも、横になって重なっているのでよけいわかりにくいね」(写真11・2)

気温が上がる午後には体を起こし、飛び立つこともある。もしも飛び立たなかったら、越冬場所はとても見つけられるものではない。

近づいて数えてみると八頭。この冬は最大一一頭を数えたという。もともとは南方系の蝶であり、かつては京都~三重より南に分布していた。それが、大町自然公園では二〇〇〇年頃より越冬しており、二〇〇九~二〇一〇年の冬には、シュロの葉のすき間で八頭が越冬した。冬の自然観察の楽しみの一つになっている。

◎人慣れしたコサギ

ムラサキツバメの観察を終え、湿地の方を振り返った。観察路の近くで一羽のコサギが採餌している。水辺に沿って歩きながら、ザリガニや小魚を探しているのだろうか。ごく普通のコサギではあるが、どことなく変である。人が観察路を歩いてきても、飛び立とうとしない。すっかり人馴れしているのだ。人との距離は約二メートルである。

写真 11.2 アオキの葉の上で集団越冬中の8頭のムラサキツバメ（2011年1月25日、大町自然公園、千葉県市川市）

人馴れだけでなく、足の色も普通ではない。足指の色は普通のコサギと同じ黄色だが、何と跗蹠《ふしょ》の一部も黄色をしている。蹠は黒い鱗状のもので覆われていて黒色をしているのだが、その黒い鱗状の部分が剥がれ、内部の黄色が露出しているように見える。

◎コサギとウシガエルの格闘

コサギはたまに小さなアメリカザリガニや小魚を捕食したが、いずれも小物ばかりだ。「寒い冬に獲物を探すのは大変だな……」と思った矢先のこと、一瞬にして大きなカエルを捕らえた。

カエルをくわえたコサギは、すぐに岸に上がった。カエルをいったん地面に落とし、何回かつつき、飲み込もうとしてはまた落としてつついている。本当はここで重要なことがあったのだが、シャッターを切るのに夢中で、詳しく観察する余裕がなかった。

コサギはカエルをくわえ、再び水に戻った。カエルを

写真 11.3　捕らえたウシガエルをつつくコサギ（2011年1月25日、大町自然公園、千葉県市川市）

水に落とし、つつき、くわえ直し、また水に落として弱らせている。捕らえたカエルはウシガエルであった（写真11・3）。黒っぽいカエルの背には、コサギがくわえた時の嘴《くちばし》の痕がV字形になって刻まれている。

しかし、カエルが大きすぎ、どうしても丸のみにできない。ついにはカエルを諦めてしまった。瀕死のカエルは、痛々しい姿のまま岸辺の枯れ草の中へと逃げ込ん

写真 11.4　コサギが捕らえた「抱接中のニホンアカガエル（上）とウシガエル」（2011 年 1 月 25 日、大町自然公園、千葉県市川市）

だ。耐えに耐えたカエルはようやく難を逃れることができた。

◎写真でわかった新事実

驚いたのは帰宅してからであった。撮った写真をパソコン画面で拡大してみてびっくり。何と、コサギは大小二匹のカエルをくわえている。大きなウシガエル*の背にニホンアカガエル*が抱きつき、「抱接」していた（写真11・4）。一月下旬はアカガエルの繁殖の季節なのだ。

ニホンアカガエルの雄は、ウシガエルを雌と間違えて抱接してしまったらしい。同じ種類であれば、産卵を終えると雌の発する声を合図に雄は雌から離れる。ところが、種が異なり、言葉が通じない。抱きついたままいつまでも離れられない。コサギはそこを捕らえたのだ。コサギはカエルをくわえるとすぐさま岸に上がったが、それは二匹のカエルをつついて引き離すためであり、体の小さいアカガエルはその場で丸のみにしたようである。

バードウォッチングではよく見かけるコサギによる捕食行動

だが、コサギを通して興味深いカエルの生態を垣間見ることができた。

＊ ウシガエル（牛蛙）*Rana catesbeiana* カエル目アカガエル科 「ボォーン、ボォーン」と牛のような大きな声で鳴くことから牛蛙という。北米から食用として移入され「食用ガエル」の名もある。体長一一～一九センチと大きくて肉食。昆虫や甲殻類、魚類をはじめカエル類やヘビ、小鳥、小型哺乳類まで食べる。生態系に与える影響が大きく、二〇〇六年外来生物法により特定外来生物に指定され、飼育、販売、捕獲移動・放流が禁止されている。

＊ ニホンアカガエル（日本赤蛙）*Rana japonica* カエル目アカガエル科 平地や丘陵地の水田や湿地に普通に生息するカエル。本州のカエルの中では一番早く産卵が始まり、一二月～一月に産卵する地域もある。夜間、冬眠からさめた雄が水田などで盛んに鳴き、雌雄が抱接し、産卵が行なわれる。

■12　足環ウォッチングのすすめ

　庭にやってくるスズメ。毎日観察しているといつも同じ個体が飛来しているように見える。もし一羽一羽のスズメが見分けられ、名前をつけることができれば、バードウォッチングの内容や質がすっかり変わってしまうのではないだろうか。「最近はAスズメを見かけないわね」、「Eスズメ君、Fスズメさんにぞっこんのようね」、「この冬死んだDスズメ、享年七歳、人なら古希ですね」といった会話も成り立つかもしれない。シジュウカラやジョウビタキ、カラスなども、個体識別ができればもっと突っ込んだ観察が楽しめそうだ。一羽ごとの違いは、色彩や斑紋などの濃淡、アルビノの羽、翼や尾などの抜けた羽の位置などから見当がつく場合もある。また、コウノトリやクロツラヘラサギ、トモエガモなど、その地域に一羽しか渡来していないような場合にも、ほぼ同じ個体だろうと推定できる。しかし、「本当に同一個体なの？」と問われると、不安がないわけではない。

◎個体識別したスズメとカラス

　個体識別を確実に行なう方法の一つに足環がある。今から三〇年も前になる一九八四年、庭にくるスズメ四四羽にカラーリングを取りつけ、何年にもわたって観察したことがある。右足に赤いリングをつけた「赤スズメ」は八年半もの長寿であった。成鳥のスズメは何年にもわたって我が家の周辺に住み着いていたが、若スズメたちは夏から秋にかけて、いつのまにか姿を消してしまった。

都心のカラスの生態を調べる目的で明治神宮のハシブトガラス二羽に足環と発信機を取りつけ、「弁慶」、「牛若」と命名してその行動を追跡したことがある。牛若は行方不明になったが、弁慶は明治神宮から日比谷公園に移動し、その後は皇居と日比谷公園を往復する生活を送っていることがわかった。

個体識別してその鳥の情報を蓄積していくことができれば、その鳥の一生が見えてくるようになる。また、渡りや移動距離、寿命などのデータも入手できる。ただし、足環をつけるには、捕獲許可はもとより技術的な訓練や知識が必要だ。誰もが容易に標識個体の観察を楽しめる方法はないものだろうか……。

◎足環ウォッチング

船橋市在住の木村一彦さんから足環のついたカワウの写真を預かったことがある。二〇〇七年一〇月二二日に撮影したもので、足環番号「8E9」が読み取れる。このカワウの情報を知りたいとのことであった（写真12・1）。そこで、カワウ研究

写真 12.1　足環番号「8E9」のついたカワウ（2007年10月22日、大柏川、千葉県市川市）撮影：木村一彦

者の福田道雄さんにお尋ねしたところ、「二〇〇七年四月一六日に行徳野鳥保護区で雛に足環をつけたもので、一八九日目である」ことが判明した。体の大きなカワウの足環は大きく、観察も撮影もやりやすい。しかも、「カワウ標識調査グループのHP*」を検索すると、足環の種類や観察した場合の連絡先などが詳しく掲載されている。

足環ウォッチングは鳥の観察や撮影を楽しみながら、同時に生態研究にも貢献できるところに特徴がある。ハクチョウ類ではプラスチック製のカラーリング（首環や足環）がついていることもある。他方、小鳥類では足環が小さいので、カスミ網などで再捕獲しないと番号が読み取れない。一般向きとしては、カモメ類、ハクチョウ類、ガン類、ツル類、カワウなどの中～大型の水鳥の足環ウォッチングをおすすめしたい。

◎オナガガモやウミネコの足環

上野不忍池《しのばずのいけ》（台東区）やじゅんさい池（千葉県市川市）では足環をつけたカモ類をよく見かける。水面にいるときには足が見えないが、陸に上がったときが狙い目である。二〇〇七年一二月五日、上野不忍池で数羽のオナガガモの足環番号を確認することができた。最近はデジカメの性能がよくなったので、足環をデジカメで撮影して記録に残すことが容易となった。撮影したらその場で画面を再生・拡大し、番号が読めるかどうかを確認する。足環の反対側の番号が見えなかったり、足に隠れたりして思うようにはいかないが、それでも何枚もの写真をつなぎ合わせ標識番号の読み取りに成功することもある。

足環番号「10A95620」をつけたオナガガモはその一例である（写真12・2、写真12・3）。足環番号がすべて読める証拠写真が撮れた場合は、山階鳥類研究所*標識研究室に証拠写真と共に観察情報（①足環番号、②種名、③発見年月日時、④発見場所、⑤発見した鳥の年齢・性別、⑥発見時の状況、⑦発見者氏名、⑧発見者連絡先、住所・電話番号・ＦＡＸ番号・電子メールアドレスなど）を連絡すると、放鳥時やその後の情報を教えてもらえる。ちなみに、このオナガガモは二〇〇六年四月二九日に北海道クッチャロ湖で放鳥された雌の成鳥であることが判明した。

二〇〇七年一二月五日、上野不忍池で撮影したウミネコの足環番号は「9A28819」

＊カワウ標識調査グループのＨＰ http://www6.ocn.ne.jp/~cring973/ カラーリングのついたカワウを観察した場合に、リングの見分け方、連絡先などが詳しく紹介されている。

＊山階鳥類研究所　故山階芳麿が一九三二（昭和七）年に渋谷区南平台の私邸内に設立した鳥類標本館が前身。一九四二年に山階鳥類研究所となり、一九八四年に現在地の我孫子市に移転した。鳥類標本六万九千点、蔵書三万九千冊を擁し、鳥類の研究や保全の拠点となっている。

写真 12.2 足環をしたオナガガモ♀（2007 年 12 月 5 日、上野・不忍池、東京都台東区）

写真 12.3 写真 12.2 の足環番号「10A95620」の一部が読み取れる。2006 年 4 月 29 日に北海道クッチャロ湖で放鳥された成鳥であることが判明した（2007 年 12 月 5 日、上野・不忍池、東京都台東区）

写真 12.4　足環をしたウミネコ（2007 年 12 月 5 日、上野・不忍池、東京都台東区）

写真 12.5　写真 12.4 の足環番号「9A28819」の一部が読み取れる。13 年以上生存しているウミネコであることが判明した（2007 年 12 月 5 日、上野・不忍池、東京都台東区）

と判明した（写真12・4、写真12・5）。後日、山階鳥類研究所より「一九九四年一〇月一三日に上野動物園で放鳥した雄の成鳥」であるという連絡をいただいた。一三年以上も生存していたことになる。ちなみに、山階鳥研究所による標識調査（一九六一～二〇一一年）で放鳥された羽数は五〇〇万羽を超え、回収された標識からはさまざまな情報が読み取られている。一九七五年五月に、京都府の冠島で足環をつけたオオミズナギドリが、三六年八ヵ月後の二〇一二年一月にマレーシアのボルネオ島で収容された例もあり、ウミネコの長寿記録が二八年一一ヵ月ということもわかってきた。

鳥の足環番号に注目することにより思わぬ発見や記録をもたらし、生態研究に貢献することもある。

Ⅲ　磯や漁港で海を楽しむ

魚と鳥の関係を紐解く

千葉県鴨川漁港

鳥たちにとって、漁港は真新しい生活の場だ。
世界中の魚が水揚げされ、おこぼれにありつける。
漁港をめぐる人と鳥と魚のドラマほど面白いものはない。

■13 漁港に群れるトビ、カモメ、サギの仲間

◎磯の延長としての漁港

磯には磯の鳥が生息している。イソシギやイソヒヨドリ、トビやカモメ類などが磯の常連である。そんな磯の鳥を見たくなり、鴨川市在住の武田健二さんに和田漁港*を案内してもらった。磯では人への警戒心の強いクロサギが漁港では人を恐れてはいないように見える。「和田漁港」と書かれた大きな容器の縁に止まり、漁業関係者が忙しく作業している漁協の建物内へと入ってきた（写真13・1）。あちこちに落ちている魚がお目当てらしい。その慣れた足どりからして漁協には頻繁に出入りしているようだ。人馴れしているようにも見えるのだが、それでいてしっかりと人を観察している。漁業関係者には無警戒だが、カメラを持った筆者が接近すると五～六メートルの距離で飛び立ってしまった。

漁港は、人の目から見れば文字通り「漁業のための港」である。しかし、鳥の目から見れば「魚の豊富な磯」のようなもの。漁協のコンクリートの建物や護岸は磯の岩場であり、港内は巨大なタイドプール*のように見える。しかも、あちこちに餌となる魚が散乱している。魚食性の鳥にとって漁港は、バブル経済にも似たリッチ

＊和田漁港　千葉県南房総市にある漁港。沿岸漁業が盛んであり、全国四ヵ所で認められている小型沿岸捕鯨基地の一つ。一七世紀からツチクジラ等の捕鯨が行なわれ、食文化の維持に貢献している。

＊タイドプール　tide pool　海岸の磯などで、潮が引いたときにくぼみなどに海水が残っているところ。「潮だまり」ともいう。

な環境ではあるまいか。ここでは、漁港を舞台に生きる鳥を紹介する。

◎コサギ、ダイサギ、アオサギ

和田漁港の常連はトビであるが、冬から春にかけてはウミウ、オオセグロカモメ、ウミネコなども多い。時にはシロカモメが混じることもある。二〇〇九年二月八日の調査では、イソヒヨドリやハクセキレイ、キセキレイに加えて防波堤の上から海中にダイビングして採餌するカワセミ*(俗にウミセミ)も観察した。

港内の「生け簀《す》」はサギ類にとっては格好の餌場である。長さ二～三メートルほど、枠に網を張った生け簀には漁に用いる生きた魚が入っている。二羽のコサギが獲物を狙うシーンをじっくり観察することができた。生け簀の蓋《ふた》のしてないところに止まり、じっと水面を見つめている。海面を覗き込むようにそっと首をのばし、嘴《くちばし》を一気に水中へと突っ込んだ。逆さまにぶら下がったような格好になりながらも体をもとに戻すと、嘴には一尾の魚をくわえていた。

激しく尾を振って逃れようとする魚、逃すまいとしっかりと嘴でくわえつつ、左右に振って魚を弱らせようとするコサギ。両者の格闘は実に見応えがある(写真13・2)。何回も何回も嘴を左右に振り、ついに動きのなくなった魚を頭から丸のみにした。魚はカタクチイワシであった。

＊カワセミ(前掲一一頁)

写真 13.1　和田漁協の建物内に入ってきたクロサギ（2009 年 2 月 8 日、和田漁協、千葉県南房総市）

写真 13.2　生け簀のカタクチイワシを捕らえたコサギ（2009 年 2 月 8 日、和田漁港、千葉県南房総市）

コサギが自然の海岸や磯でこれだけ大きなカタクチイワシを捕食するのは容易ではない。鳥にとってはたいへんな御馳走である。生け簀の魚を狙うのはコサギだけではない。アオサギやダイサギの捕食シーンもしばしば観察している。

◎鴨川漁港のトビの大群

房総では磯に沿って漁港が点在する。その漁港の一つ一つに個性があり、飛来する鳥の種類も個体数も微妙に異なる。たとえば、鴨川漁港*では、数十羽〜百羽のトビが集結することがある（写真13・3）。

トビのお目当ては漁港で捨てられる大量の魚だ。漁港で水揚げされた魚の中には、傷ついたもの、規格外の小サイズなどの理由で廃棄されるものがある。そんな魚がごっそり捨てられる。美味しそうなキンメダイ、カタクチイワシ、チカメキントキなどに鳥たちが群がる。

廃棄した魚に飛来する鳥は、食べる順番があるようだ。最初に飛来するのはトビだ。漁協の屋根などにずらりと止まり、飛び立つタイミングをはかっている。飛び立ったトビは空中を旋回しながら急降下し、一瞬にして地上の魚を足の爪にひっかけてそのまま急上昇して飛び去る。

トビの捕食が一段落すると、ウミネコやオオセグロカモメが魚の山を取り囲むよ

＊鴨川漁港　太平洋に面した千葉県鴨川市にある大規模な漁港で、沖合漁業の拠点になっている。

写真 13.3　漁協の屋根に集まったトビの群れ（2009 年 2 月 8 日、鴨川漁港、千葉県鴨川市）

写真 13.4　魚の山を取り囲むウミネコ（2009 年 2 月 8 日、鴨川漁港、千葉県鴨川市）

写真 13.5　ルアーに両足をひっかけられたウミネコ（2009年2月8日、鴨川漁港、千葉県鴨川市）

うに群がり、手当たり次第に飲み込む（写真13・4）。二〜三尾のカタクチイワシを一度に飲み込もうとしているウミネコもいる。トビやウミネコなどの胃袋が一杯になると、コサギやアオサギ、ハシボソガラスなどの順番がやってくる。

◎問われる釣り人のモラル

漁港では餌になる魚が豊富だが、磯の鳥を取り巻く環境はけっして良いとは言えない。釣り竿を固定するためにドリルで岩場に穴を開けたり、テグスや針を捨てて帰る釣り人もいる。

鴨川漁港では、遠くから見るとあたかもサーフィンボードに乗って空を飛んでいるかのようなウミネコの若鳥を見つけた。足には何かがぶら下がっている。撮影した画像を拡大して見ると、両足のみずかきにルアーの針が刺さっていた（写真13・5）。磯に捨てられたテグスや釣り針の犠牲になった水鳥をよく見かける。二〇〇八年夏、千葉県中央博物館分館「海の博物館*」（勝浦市）の「海辺の鳥たち」の企画展示を見た。テグスが絡まり足を切断したり、釣り針がのどにひっかかっている写真が多数掲げられていた。磯や漁港の水鳥たちの安全・安心な生活を強く望みたい。

* 海の博物館　一九九九年に千葉県中央博物館の分館として勝浦海中公園内にオープンした。常設展示の他に海に関係した特別展を随時開催。周辺海域に生息する海洋生物の調査・研究も行なっている。

■14　豊漁に沸く漁港と磯の鳥

この世では、知っているつもりだがわかっていないことが案外と多い。「個体数」（人口）もその一つだ。新宿や渋谷には溢れんばかりに人がいるのに、日本全体の人口は減少傾向にある。しかも、世界全体では爆発的に増加している。また、大勢の人が出入国しているので、今この瞬間、日本の人口が何人なのかを正確に把握することは不可能である。二〇一一～二〇一二年の冬は、これまでになく冬鳥*が少なかった、という印象がある。しかし、冬鳥が減ったのか、変わらないのか、増えたのか、本当のところははっきりしない。

◎二〇一一～二〇一二年の冬鳥

「今年は冬鳥が少ないねぇ」

「ツグミもジョウビタキも、それにユリカモメ*もどこに行ったのかね？」

こんな会話ばかりだ。事実、筆者が行なっている都心での自然観察会でも、冬鳥が少ないし、いない。例年なら一回の観察会で七～八羽は観察できたツグミが見当たらない。昨冬までは、隅田川や江戸川では数百羽単位で観察できたユリカモメが、

* 冬鳥　ツグミやオオハクチョウのように、日本より北の国で繁殖し、日本で越冬する鳥。春になると再び北国へ渡って繁殖する。

* ユリカモメ（百合鴎）*Larus ridibundus*　チドリ目カモメ科　嘴と脚は赤く、冬羽では全身が白く、夏羽では頭が黒色になる。日本には冬鳥として渡来し海岸や港湾、河口や池などで越冬する。雑食性で魚類、昆虫、海草、残飯など何でも食べる。魚群や給餌場、生ゴミなどの餌場では大群が集まって採餌し、夜間は内湾や湖沼などで集団ねぐらをとる。

今年はさっぱりである。

冬鳥が少ないのは、関東だけかと思っていたら、関西や東北の知人からも「冬鳥が少ない」という情報が入る。今冬の豪雪や寒波などが関係しているのか、それとも、山野で果実が豊作なために公園や街中にやってくる時期が遅いだけなのだろうか……。

◎南房総のユリカモメの大群

筆者は、二〇〇五年から毎月一回ほどのペースで南房総の鴨川市で磯の鳥を観察してきた。東京都心から南に約一〇〇キロ、黒潮の洗う磯が広がる。二〇一二年一月二九日（日）早朝、いつものように別荘の前に広がる磯に出てビックリ。海が真っ白なカモメの仲間で埋めつくされていた。群れのひと塊がざっと五〇〇～六〇〇羽はいる。群れ全体はその四～五倍なので、羽数にして二〇〇〇～三〇〇〇羽はいるだろうか。すべてユリカモメであった。都心で姿を消してしまった、と思っていただけに、大群を目にしたときの衝撃は大きかった。

大急ぎで長靴をはき、双眼鏡とカメラを持って群れを追った。ユリカモメは、波打ち際の海面すれすれに結集し、はばたき、大騒ぎをしながらとなりの磯へと移動していく。一方、海面には何十羽というウミウが波間を浮沈し、イワシの群れを磯

写真 14.1　魚群を追う 2000 ～ 3000 羽のユリカモメの群れと漁船（2012 年 1 月 29 日、千葉県鴨川市）

写真 14.2　オオメジロザメ（体長約 3m）の観察を楽しむ同行の皿井靖長氏（右）と臼井博之氏（左）（2012 年 1 月 29 日、鴨川漁港、千葉県鴨川市）

の方へと追い詰めていく。そのイワシをユリカモメが襲っているようだ。群れを観察して三〇~四〇分ほど経ったであろうか、頭上で一羽の猛禽がホバリングしているのを発見した。なんと、一〇メートルほどの上空から一気に急降下、ユリカモメの群れに突っ込んだ。群れははじけるように散り、ユリカモメ全体が巨大な生物ででもあるかのように再び結集し、沖の方へ避難していく。その後をハヤブサが追っていくのが見えた。

ユリカモメの大群は三〇〇~四〇〇メートルほど北の海面に舞い降りていく。ウミウが盛んに潜水しているところを見ると、魚群がいるらしい。海面を埋めつくす真っ白なユリカモメの群れに一艘の漁船が急接近し、漁を始めた。最近の漁船には、魚群探知機が取りつけられてはいるが、水鳥たちが群れるところには魚群がいることを漁師たちは知っているにちがいない(写真14・1)。早朝の小一時間の観察であったが、冬の海を舞台にした鳥と魚と人が繰り広げる壮大なドラマを堪能することができた。

◎豊漁で活気づく漁港

いつものように漁港にも行ってみた。鴨川漁協には四〇~五〇羽のトビが集まり、大きなトラックが出入りし、活気づいていた。体長三メートルもある巨大なオオメ

写真14.3　体長80㎝のマンボウ（2012年1月29日、鴨川漁港、千葉県鴨川市）

ジロザメが目を引いた（写真14・2）。目の位置が頭の左右に飛び出たシュモクザメもゴロゴロしている。アカヤガラ、マトウダイ、イシダイ、ヒラメ、ウマヅラハギ、イナ（ブリ）、チダイ、カナガシラ、それにマンボウも水揚げされている（写真14・3）。どれも昨夜まで太平洋で泳いでいた魚ばかりだ。漁港は海の魚を観察する場所として適している。しかも、小魚を食べに集まってくる、トビ、アオサギ、オオセグロカモメなども観察できる。

浜荻漁港や天津小湊漁港では、オオセグロカモメやワシカモメ、シロカモメなどの興味深い行動を観察した。魚の冷凍用に製氷した氷が岸壁に棄てられている。その氷をつつき、破片を丸のみにしているのだ（写真14・4）。海鳥にとって、真水で作られた氷は貴重な水分補給になっているらしい。

◎長年の観察を楽しむ

鳥類関係の雑誌『BIRDER』（二〇一二年二月号）で、長年の観察を記録としてまとめることの楽しみについて紹介した。「磯の鳥」も、七年間に観察したデータを一覧表にしてまとめてみると、いろんなことが読み取れる。磯で高頻度に出現する鳥は、クロサギ、イソヒヨドリ、イソシギ、ハクセキレイであること。河川や水田などの淡水に生息していたカワセミやアオサギ、ダイサギなどが磯に進出するこ

写真 14.4 漁港に棄てられた氷を食べるシロカモメ（若鳥）（2012 年 1 月 29 日、天津小湊漁港、千葉県鴨川市）

と。漁港の建物ではヒメアマツバメやコシアカツバメなどが繁殖し、波のおだやかな港内ではウミウやヒメウ、カンムリカイツブリなどが越冬することなどである。磯の鳥の種類数が最も多いのは二〜四月の春先であり、六〜九月の夏には少ないこともわかってきた（図14・1）。

二〇一一年までの七年間に観察した磯の鳥は七〇種類になった。さらに二〇一二年一月には、新たに一種類を追加することができた。地元の武田健治さんが漁港の一角で越冬する一羽のコクガン（若鳥）を発見したのだ。岸辺でアオサを食べ、人をあまり恐れない（写真14・5）。仙台湾や陸奥湾などで越冬することは知られているが、関東以南での越冬は稀である。

写真 14.5　漁港の一角でアオサを食べるコクガン（若鳥）。3m まで接近しても飛び立たない（2012 年 1 月 29 日、鴨川漁港、千葉県鴨川市）

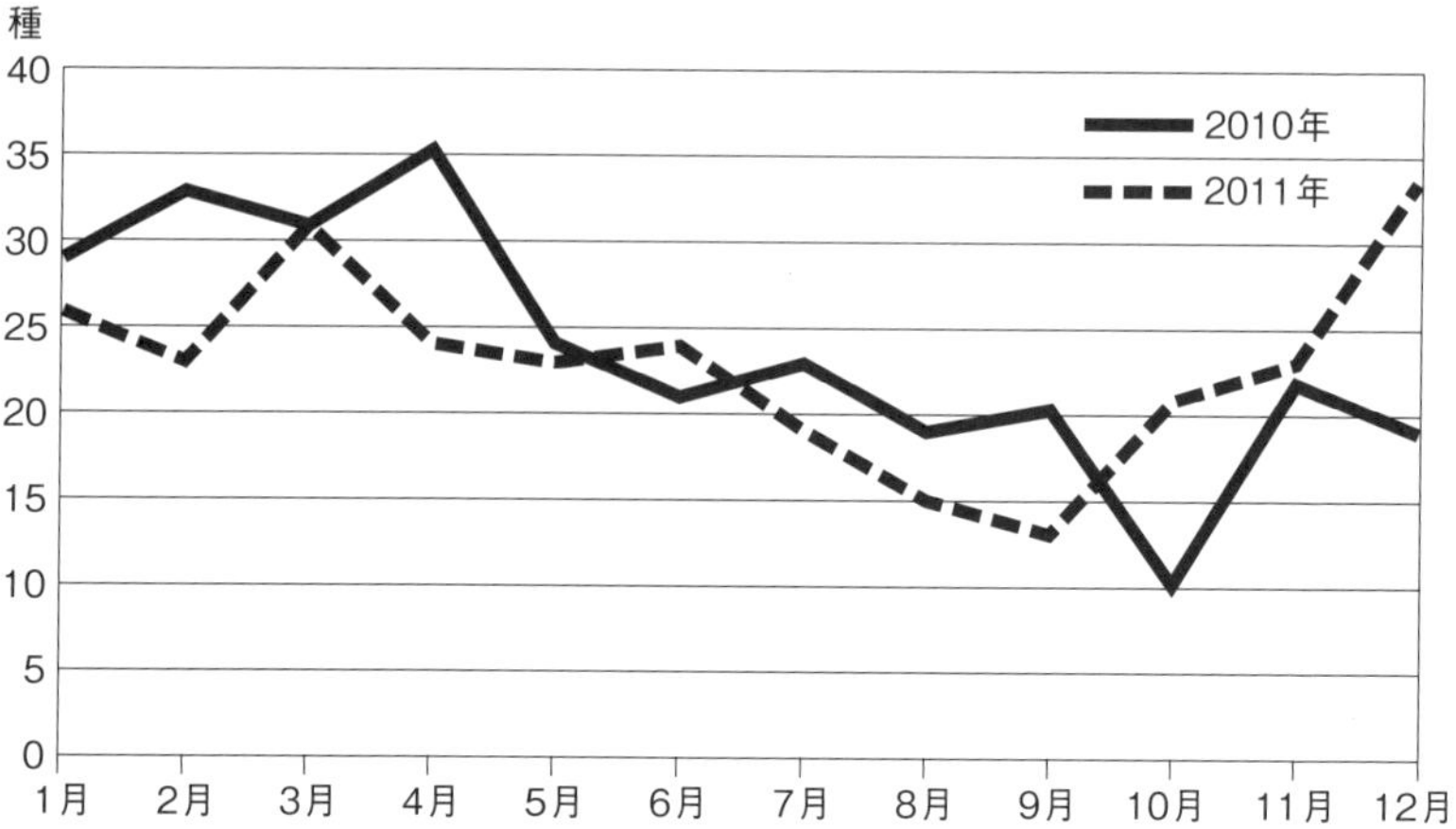

図 14.1　磯鳥の観察種数の季節的変化。冬から春先の 2 ～ 4 月に種類数が多い。

■15 ウツボに追われたイワシの群れ

一九八六年出版の外山滋比古著『思考の整理学』が今もって大人気だ。「もっと若い時に読んでいれば……」とか、「東大生が一番多く読んでいる本」といったキャッチコピーも話題に火をつけた。人気の外山流の思考の一つに「セレンディピティ（serendipity）」がある。語源はセイロン（今のスリランカ）の王子の童話で、「王子は、よくものをなくし、探しものをするのだが、狙うものは探し出せないのに、まったく予期していないものを掘り出す名人」に由来する造語である。「セイロン的な」といった意味合いだ。ミヤコドリを見に行ったのに、お目当てのミヤコドリには出会えず、思いがけず見つけたヘラサギに熱中してしまう、などもその一例。セレンディピティには自然観察の妙味が隠されているように思う。

◎お目当てのシノリガモ

シノリガモ*が南房総の鴨川海岸に越冬しているというので、二〇一〇年一月一〇日、鴨川市在住の武田健治さんに案内してもらった。雄には白い筋があり、雌の顔には三個の白斑があるといった独特の色彩に加えて、青森県や宮城県の渓流で繁殖

＊シノリガモ（晨鴨） *Histrionicus histrionicus* カモ目カモ科 日本では冬鳥として北海道や東北地方の沿岸部に飛来するカモ類の一種。黒っぽい紺色に派手な白い斑紋が目立つことから英名はHarlequin Duck（道化師カモ）。南房総の海岸に飛来するのは稀である。

写真 15.1　海に出て採餌するカイツブリ（2010年1月17日、千葉県鴨川市）

し、冬は波の荒い磯などで岩につく貝類を食べるなど、その生態も興味深いものがある。知識としては知っていても、著者は一度も見たことのない鳥だ。

冬の鴨川の海岸は、太平洋の荒波が押し寄せ、荒れていた。それでも砂浜では、サーフィンに興じる若者たちで大にぎわいだ。砂浜の北方には複雑に入り組んだ磯が続く。その見事な磯でお目当てのシノリガモを探した。

「ここなんですがね。変だなあ、昨日はいたんですが……。日曜なんで、釣り人が磯に入ってしまい、沖に移動したのかな？」

残念ながら姿を見せない。やや気落ちしていた時のこと。

「あそこ見て下さい、カイツブリですよ」

「えっ、まさか……」

我が目を疑った。武田さんの指さす海面にいるのは正真正銘のカイツブリ（写真15・1）。図鑑などの記載はどれも「池、湖沼、河川などに生息する」とある。筆者も、カイツブリは淡水でしか見たことがない。それが、目の前の海で潜水し採餌している。さらに、コバルトブルーのカワセミが、漁港の護岸から大西洋の荒海にダイビングするシーンも観察できた。淡水に生息するはずのカワセミやカイツブリたちの、人間が作り上げた常識を破る行動にすっかりシノリガモのことなど忘れてしまった。

◎群がるトビとイワシの群れ

実はこの日、もう一つ予期せぬ出来事に出会った。鴨川市太夫崎《たゆうざき》には、皿井靖長氏の別荘「黒鷺亭」があり、目の前には磯が広がっている。朝食をとりながら、磯の鳥を観察することができる。ところが、いつもと違って、トビがせわしく飛び交っている。上空を一四〜一五羽が旋回し、次々と磯めがけて急降下してくる（写真15・2）。

「いつもは静かな磯なのに、何かあったのだろうか？」

「釣り人が、釣った魚を放り投げたのかもしれない」

トビたちの動きがますます活発になってきた。カメラを手に、大急ぎで磯に出てみた。

釣り人がこちらを向いて手招きしている。

「イワシですよ、イワシの群れがここに打ち上げられたんです」

「大波が来てだいぶ流されちゃったけど、さっきまでイワシだらけだったんだ」

と言う。打ち寄せる波が、足元のイワシを次々と海へと押し流していく。それでもまだ五〇〜六〇尾は横たわっており、手づかみで捕らえることができた（写真15・3）。

写真 15.2　次々と磯に舞い降りてくるトビ（2010 年 1 月 17 日、太夫崎、千葉県鴨川市）

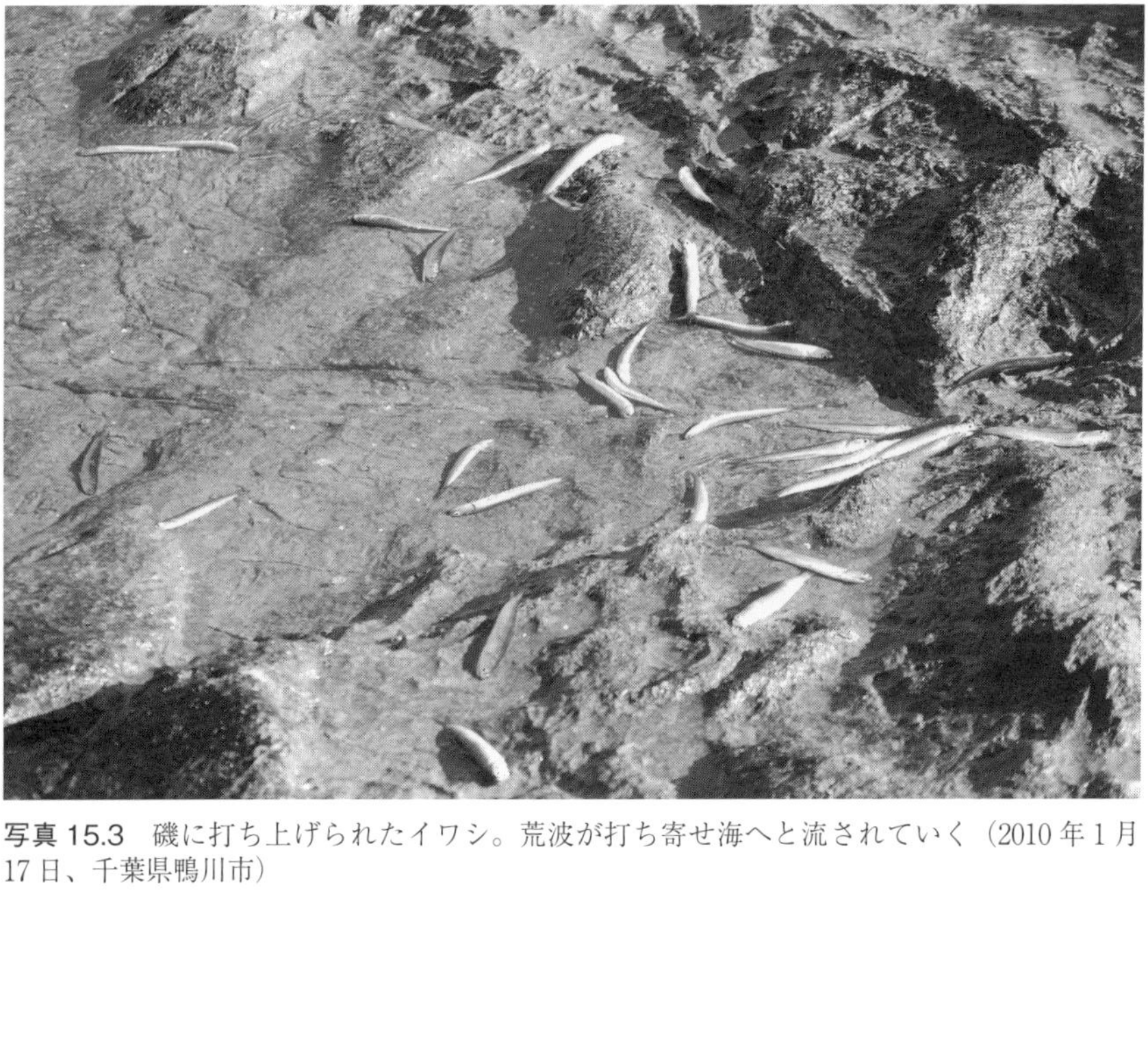

写真 15.3　磯に打ち上げられたイワシ。荒波が打ち寄せ海へと流されていく（2010 年 1 月 17 日、千葉県鴨川市）

写真 15.4　足爪でイワシをひっかけたトビ（2010 年 1 月 17 日、千葉県鴨川市）

◎ウツボから出たイワシ

イワシはなぜ磯に飛び上がり、自殺行為のような馬鹿なことをしたのだろうか。「地球の未来に絶望した」とか「不景気のため新天地を目指して上陸した」なんてことはあるまい。別荘の管理人でもあり、太夫崎の漁師でもある根本さんに尋ねてみた。

「おじさん、イワシが磯に飛び上がるなんて、よくあるんですか？」

「ああ、あるよ。こないだもバケツ一杯拾ったさね。焼いてもいいいし、刺身でも美味いよ」

「なんで磯に飛び上がったんですか？」

「ああ、イナダかスズキに追われ、逃げ場を失ったんじゃないの」

なるほど、大きな魚に追われ、追い詰められて磯に飛び上がったということらしい。トビが上空から急降下してくる理由が、これでようやく理解できた（写真15・4）。

写真 15.5　イワシを吐き出したウツボ。イワシにはウツボの歯の傷が生々しい（2010 年 1 月 17 日、千葉県鴨川市）

「そこの生け簀の中、イワシの群れが逃げ込んで、まだいるはずだ」と釣り人が教えてくれた。三〇～四〇尾のイワシがひとかたまりになって、狭い生け簀の中をグルグルと泳いでいる。その群れの後を体長七〇～八〇センチもあるウツボが追っている。ウツボを写真に撮ろうとして網で捕らえ、岩の上にポイと落とした。その瞬間、何とウツボの口からイワシが一尾飛び出てきたのだ。飲み込んだばかりらしく、ウツボの歯の傷が生々しく残っていた（写真15・5）。

目の前に広がる広大な海、その海をいくら見ていても、見えるのは海面ばかりだ。しかし、たまたま磯に打ち上げられたイワシから、イワシを追い詰めるスズキやイナダ、上空から急降下してくるトビの群れなどが織りなすドラマを楽しむことができた。太平洋で日々繰り広げられている海の動物たちの壮大なドラマに比べればささやかな一コマにすぎないが、本命のシノリガモのことなどすっかり忘れてしまっていた。これぞ外山流「セレンディピティの妙味」かもしれない。

Ⅳ 虫の目で自然を楽しむ

虫たちの生き残り戦略

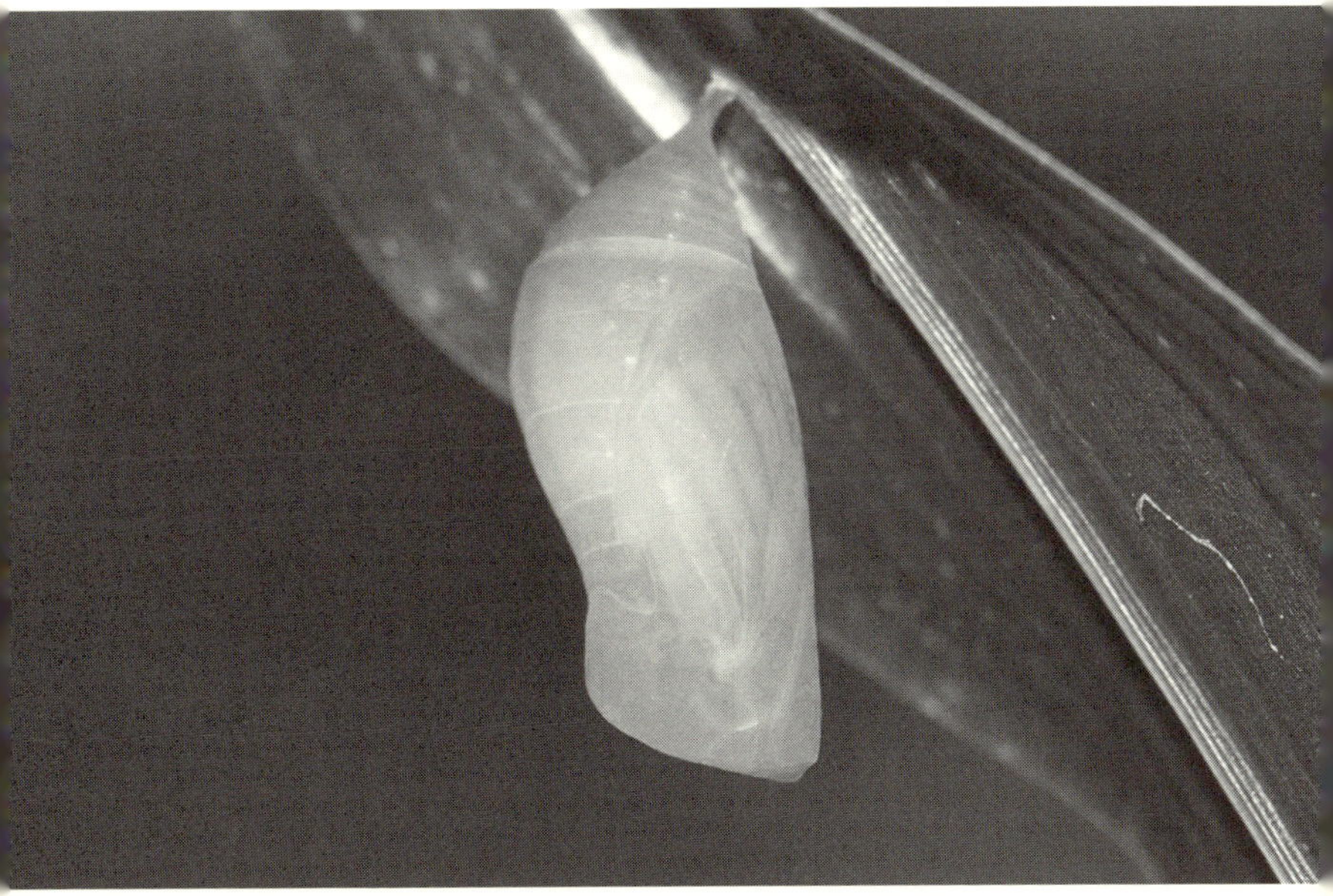

クロコノマチョウの蛹

虫の数だけ自然があり、虫の数だけ異なる世界がある。
虫の数だけ食べ物があり、虫の数だけ異なる住処がある。
そして、虫の数だけ異なる生き方がある。

16　日本列島を北上する蝶

地球温暖化が叫ばれて久しい。気候変動に伴う海面上昇や農林水産業への直接的な被害にとどまらず、地球生態系そのものが崩壊の危機にさらされかねない。こうした気候変動にいち早く反応し、誰もが観察できるのが桜花などの開花時期や昆虫の分布域の変化などである。とりわけ注目されているのが、日本列島を北上しつつある南方系の蝶である。蝶は翅《はね》による移動性があり、しかも幼虫時代の食草が限定されているので、移動先での定着状況が確認しやすい。ここでは、筆者が身近なフィールドで記録した蝶たちの変化を取り上げてみる。

◎ツマグロヒョウモンの分布拡大

筆者の住んでいる千葉県市川市で、ツマグロヒョウモン*の異変に気づいたのは二〇〇五年秋であった。市内の公園で、これまで見たことのないヒョウモンチョウの仲間を見つけた。雄より雌の方が派手で、翅の縁が黒いことから褄黒《つまぐろ》の名がある。この年の一〇月一五日、市内在住の松丸一郎氏が大町自然公園で雌を撮影した。一〇月二四日には、筆者も同公園で雄を、一一月一八日には郊外の畑で雌を初

* ツマグロヒョウモン（褄黒豹紋）　*Argyreus hyperbius*　チョウ目タテハチョウ科　アフリカから東南アジア、日本にかけての熱帯～温帯に分布。雌は前翅の先端部が黒色で、斜めの白帯がよく目立つ。模様や飛び方が北米に生息する有毒のカバマダラに似る。カバマダラは日本に分布していないので擬態の効果は不明。

めて観察した。

市川市では、地元で生物の写真を撮り続けている土居幸雄氏が二〇〇四年に撮った写真が初記録だという。二〇〇五年にはナチュラリストの目に触れるようになり、二〇〇六年以降はごく普通の蝶となった（写真16・1）。二〇一〇年現在、関東地方のほぼ全域に定着し、福島県、宮城県でも発見されている。幼虫は派手なオレンジ色、蛹《さなぎ》には金色の美しい突起がある（写真16・2）。しかし、昭和四七年（一九七二年）発行の『図説日本の蝶』には、「日本産ヒョウモン類の中では唯一の亜熱帯系の種」であり、「確実に土着しているのは近畿以南」とある。

ツマグロヒョウモンが分布を拡大し北上している理由として、第一に温暖化があげられる。加えて、寒さへの耐性が増した可能性もある。そして第二に、幼虫の食草であるスミレ科のビオラやパンジーなどの園芸植物の普及が考えられる。第三は、年四～五回発生を繰り返す繁殖力の強さがあげられる。人為的な花の移動に伴って分布が拡大したのだろうか。いずれにせよ、一気に分布を拡大させたことは明らかだ。

◎次々と北上する蝶

市川市内で見かけるようになった南方系の蝶は、ツマグロヒョウモンだけではな

写真 16.1　2006 年以降、市川市内に定着したツマグロヒョウモン（♀）（2006 年 9 月 24 日、千葉県市川市）

写真 16.2　突起が宝石のように美しいツマグロヒョウモンの蛹（2006 年 9 月 24 日、千葉県市川市）

写真 16.3　市川市内に定着した南方系のクロコノマチョウ（2006 年 10 月 26 日、大町自然公園、千葉県市川市）

写真 16.4　ジュズダマの葉を食べるクロコノマチョウの幼虫（2006 年 8 月 19 日、大町自然公園、千葉県市川市）

い。クロコノマチョウ*（タテハチョウ科）もその一つである（写真16・3）。もともと本州の東海地方より南に分布していたが、二〇〇六年八月一九日、大町自然公園でジュズダマの葉を食べる幼虫を初めて観察した。ウサギの耳のような形をした幼虫の形態は実にユニークだ（写真16・4）。同年一〇月二八日には蛹も観察し、市内での定着を確認した。二〇〇九年には栃木県や福島県まで北上している。

また、ナガサキアゲハ*は、シーボルトが長崎で初めて採集したことからその名がつけられた南方系の蝶だ（写真16・5）。江戸時代には九州以南に分布していたが、一九四〇年代には山口県や高知県、一九六〇年代に淡路島へと北上する。前述の『図説日本の蝶』（一九七二年）には「和歌山、大阪まで採集記録がある」とあり、近畿以西に分布していた蝶であった。

ところが、二〇〇六年七月二三日、筆者は千葉県鴨川市で初めて観察した。同年八月～九月には、市川市内でフヨウの花で吸蜜するシーンや柑橘類の葉にいる終齢幼虫を確認。二〇〇七年以降、市川では普通の蝶として定着している。山梨県環境科学研究所の北原正彦氏によれば、ナガサキアゲハの分布域は年間平均気温一五℃程度に上昇すると出現するという。地球温暖化の影響で日本列島を北上している可能性が高い。

この他に、モンキアゲハ*やムラサキツバメ*もまた北上が注目されている。モンキ

* クロコノマチョウ（黒木間蝶）
Melanitis phedima　チョウ目タテハチョウ科　翅の裏面が枯葉に似るので木の葉蝶。インドから中国、台湾、西南諸島にかけて分布し、日本列島を北上する蝶として注目されている。食草はジュズダマ。

* ナガサキアゲハ（長崎揚羽）
Papilio memnon　チョウ目アゲハチョウ科　大型のアゲハ類で、後翅に尾状突起がない。東南アジアから中国、台湾、日本（近畿以南）に分布する南方系の蝶だが、日本列島を北上して注目される。食草はミカンなどの柑橘類。

* モンキアゲハ（紋黄揚羽）
Papilio helenus　チョウ目アゲハチョウ科　大型のアゲハの仲間で後翅に黄白色の大きな斑紋がある。インドから東南アジア、中国、台湾、日本にかけて分布する南方系の蝶。

* ムラサキツバメ（前掲八〇頁）

写真 16.5　市街地の民家で吸蜜するナガサキアゲハ（2006 年 9 月 14 日、千葉県市川市）

写真 16.6　日本列島を北上するモンキアゲハ（2007 年 9 月 17 日、千葉県鴨川市）

アゲハは、房総半島の南部ではごく普通であったが、二〇〇六年に筆者は初めて市川市内で観察した（写真16・6）。確実な分布の北限は筑波山と石川県と言われていたが、二〇〇九年六月には東北大学植物園（仙台市）で春型が採集されたという。ムラサキツバメも三重県から京都が北限と言われていたが、二〇〇〇年に神奈川県（三浦半島・横浜）、東京（皇居・原宿）、千葉県（我孫子市）などで一斉に観察されるようになった。食草はマテバシイであり、都市緑化で盛んに植えられることから人為的に分布が拡大したのかもしれない。

◎ある日のトトロの森

二〇〇九年五月一七日、目黒区の自然観察のグループ「木鳥会」のメンバーと、新緑の狭山《さやま》丘陵を歩いた。狭山丘陵というよりも、「トトロの森」と言った方がわかりやすいかもしれない。西武球場駅から人家や田んぼ、畑、林などが複雑に入り組んだ、いわゆる里山の自然を歩くのは気分がいいものだ。トトロの森の入口付近の水辺では、シオヤトンボやギンヤンマを見かけた。と、その時、水辺のぬかるみの上に一頭の蝶が舞い降り、黄色い口吻をのばして水を飲み始めた。白っぽい翅に黒い筋がよく目立つのだが、見かけない蝶だ（写真16・7）。帰宅後、図鑑で調べたところアカホシゴマダラ*であった。日本では奄美大島付近

＊アカホシゴマダラ（赤星胡麻斑）*Hestina assimilis*　チョウ目・タテハチョウ科　後翅の外縁に鮮やかな赤い斑紋がある。ベトナム北部から中国、台湾、朝鮮半島まで分布。日本ではもともと奄美大島とその周辺にのみ生息していた。

写真 16.7　人為的に分布が拡大したらしいアカホシゴマダラ（♀）（2009年5月14日、トトロの森近く、埼玉県）

に分布する南方系の蝶である。トトロの森の近くで観察したのだが、その時すでに東京とその周辺に分布が広がっていることがわかった。さらに困ったことには、このアカホシゴマダラは奄美大島産とは異なり、中国大陸から人為的に国内に持ち込まれた亜種が分布を拡大したと考えられている。

蝶たちの分布拡大や北上は、すべて地球温暖化が原因しているとは言い切れない。しかし、トトロの森でも、市川市の我が家の周辺でも、生息する昆虫相に異変が起こっていることは明らかだ。二〇〇六年以降に顕著になった南方系の蝶たちの記録、やがては鳥類や哺乳類、人にも関わってくる大きな環境変化の前兆現象の可能性もあるだろう。

17 鳥にとっても目新しい昆虫たち

鳥の識別に詳しいバーダーに「プラタナスグンバイ」について尋ねると、「えっ、それって何?」ということになるかもしれない。「アワダチソウグンバイ」や「ヨコヅナサシガメ」もまた聞き慣れない名ではなかろうか。軍配とか横綱の名から、両国国技館を舞台にプラタナスやアワダチソウなどが競い合うシーンをイメージされるかもしれないが、国技館とはまったく無縁。どれも最近になって関東地方に進出してきた新顔の昆虫であり、自然観察会ではよく話題になる昆虫ばかりだ。ラミーカミキリ*やクマゼミもその類である。前項「日本列島を北上する蝶」に引き続き、列島を北上し東京や関東地方に進出してきた昆虫に注目してみよう。

◎ラミーカミキリのラミーって何?

筆者がこのカミキリを最初に観察したのは二〇〇五年六月五日、南房総の山間の農道であった。パンダカミキリの異名があり、独特の白黒模様がよく目立つ。胸部の黒い二個の点は、目玉模様にも白い仮面のようにも見える。前翅《ぜんし》の後方にある白い模様は、コウモリにもハヤブサなどの猛禽類にも似ている(写真17・1)。カミキ

＊ラミーカミキリ(ラミー髪切) *Paraglenea fortunei* コウチュウ目カミキリムシ科 インドシナ半島から中国、台湾、日本に分布するカミキリムシの仲間。日本へは幕末から明治にかけて持ち込まれた外来種。

リは「髪切り」だが、「ラミー」とは何だろう?

ラミー（Ramie）はチャイナグラス（China grass）とも言い、繊維をとるカラムシ（イラクサ科）という植物の栽培種の名である。そのラミーの茎を幼虫が食べるのでラミーカミキリの名がつけられた。日本では、江戸末期（一八六四〜一八七二年）に茶葉貿易の仕事で来日したG・ルイスが長崎で採集し、一八七三年にイギリスのH・W・ベイツ*が記録したものが最初だという。江戸末期に、中国からラミーを移入した際に混入して持ち込まれたらしい。その後、ずっと九州から西日本にかけて分布していたが、一九七九年に神奈川県の湯河原、小田原、一九八一年に熱海、一九九二年清水市、二〇世紀末には東京多摩地区へと分布を拡大し、南関東に進出してきた。冬季平均気温が四℃のライン以南の地域で出現すると言われ、地球温暖化と共に日本列島を北上する昆虫として注目されている。

◎ヨコヅナサシガメとエサキモンキツノカメムシ

ヨコヅナサシガメ*は、もともと中国からインドにかけて分布していた。昭和初期（一九二八年）に貨物に紛れて九州にやってきた外来種だ。一九八〇年代までは東海地方でもほとんど生息していなかった。一九九〇年代に関東地方で見つかり話題になり、最近では東京やその周辺でごく普通に生息している。筆者が最初に観察し

* **H. W. ベイツ Henry Walter Bates**（1825-1892）イギリスの博物学者・昆虫学者でダーウィンの進化論を支持。ベイツ型擬態（有毒や危険な種に形態や色彩、行動などを似せて捕食を免れること）に名を残した。

* ヨコヅナサシガメ（横綱刺亀）***Agriosphodrus dohrni*** カメムシ目サシガメ科　中国から東南アジアにかけて分布し、日本には昭和初期に移入。日本のサシガメ類では最大。全身黒色で腹部にある白い斑紋が横綱のように見える。幼虫は集団で越冬し、春に羽化して成虫になる。幹を歩き回り、樹木を上下する昆虫を捕らえ、細長い口吻を突き刺して体液を吸う。

写真 17.1　20 世紀末に関東地方に進出してきたラミーカミキリ（2009 年 6 月 27 日、千葉県君津市豊英）

写真 17.2　捕らえた昆虫に口吻を刺して体液を吸うヨコヅナサシガメ（2009 年 5 月 14 日、狭山湖畔、埼玉県所沢市）

たのは二〇〇四年九月、都立野川公園（三鷹市）で行なわれた自然観察大学＊主催の自然観察会の時であった。ソメイヨシノの大木の幹などで集団越冬し、翌春に脱皮を繰り返し、最後の脱皮をした成虫は外骨格が硬化するまで鮮やかな朱色をしており、野外でよく目立つ。大型の肉食昆虫で、体長は一六～二四ミリあり、幹を上下に移動する昆虫を次々と捕らえ、口吻を差し込んで体液を吸い取ってしまう（写真17・2）。樹木で採餌するシジュウカラやコゲラなどの食生活にも影響を与えかねない勢いである。

　エサキモンキツノカメムシ＊も筆者にとっては新顔の昆虫だ。漢字で記すと「江崎・紋黄・角・亀虫」だ。江崎は昆虫学者の江崎悌三、紋黄は「背の小楯板《しょうじゅんばん》にある独特のハート型の紋様」に由来する。NHK大河ドラマ「天地人」（二〇〇九年）の主人公の直江兼続の旗印は「愛」の一字だが、この昆虫は兼続に優るとも劣らない「ハートの紋所」を背負っている。筆者は二〇〇六年一月一七日に市川市の大町自然公園で越冬中の個体を初めて観察したが、その後、東京やその周辺の公園などで普通に観察している。食草はミズキである。ミズキの種子は鳥散布される。鳥によって分布を広げたミズキと相まって分布を拡大させているように見える。

　エサキモンキツノカメムシで面白いのは、産卵した卵や幼虫を雌親が外敵から保護する習性だ（写真17・3）。今後は、悪臭を放つカメムシ類を、はたして鳥たちが

＊自然観察大学　二〇〇二年に発足。自然観察を楽しみながら観察の視点や方法を学ぶことができる。二〇一二年にNPO法人。植物、鳥、昆虫など専門分野の異なる講師陣が協力して行なう野外観察会は定評がある。

＊エサキモンキツノカメムシ（江崎紋黄角亀虫）*Sastragala esakii*　カメムシ目ツノカメムシ科　背（小楯板という部分）に淡黄色をしたハート型をした紋がある。卵や幼虫を守る習性がある。

＊プラタナスグンバイ（プラタナス軍配）*Corythucha ciliata*　カメムシ目グンバイムシ科　北米原産の昆虫で、ヨーロッパや韓国に侵入し分布を拡大。日本では二〇〇一年に名古屋で初記録。プラタナスの葉に寄生して汁を吸うため葉が白化する被害が出る。

写真 17.3　ハート型の紋様が目立つエサキモンキツノカメムシ。ミズキの葉で幼虫を保護する雌親（左）と交尾中の雌雄（右）（2009 年 6 月 17 日、柏井の森、千葉県市川市）

捕食するのかどうかについても、注意して観察してみたい。

◎外来昆虫と野鳥の捕食

プラタナスグンバイ*は、二〇〇一年に名古屋で記録された外来種であり、プラタナスの樹皮の裏側で集団越冬し、夏には葉を食害する。筆者は二〇〇三年に見沼田んぼ*（さいたま市）で初めて観察し、わずか三ミリの体長ながら軍配のような見事な形に興味を持った。二〇〇八年までに、関東地方をはじめ福島県や長野県でも記録され、観察会でも話題の昆虫である（写真17・4）。一方、プラタナスグンバイにそっくりのアワダチソウグンバイ*は、一九九九年に兵庫県西宮市で発見された外来種で、セイタカアワダチソウを食べる（写真17・5）。二〇〇五年に千葉県、二〇〇六年に埼玉県、二〇〇七年群馬県、二〇〇八年茨城県・栃木県など関東地方に広がった。また、日本列島を西南へ、二〇〇五年に四国、二〇〇八年

写真 17.4　プラタナスの樹皮の内側で群れるプラタナスグンバイ（2007 年 9 月 24 日、都立野川公園、東京都）

写真 17.5　21 世紀になって関東地方で分布拡大中のアワダチソウグンバイ（体長約 3 ㎜）（2009 年 8 月 3 日、千葉県市川市）

には鹿児島県へと分布を拡大している。

東京周辺で新顔の昆虫といえばクマゼミ*もあげられる。もともと九州などの温暖な地方に多い南方系のセミであった。一九八〇年代以降に大阪市などの西日本の都市部で急増し、アブラゼミに代わって優占するようになり、シュワシュワという鳴き声は真夏の大阪では当たり前になった。一九九〇年代には、関東地方や北陸地方にも進出した。クマゼミの分布拡大の原因は、温暖化説とは別に、「樹木の移植説」（樹木を移植する際に幼虫が一緒に移動）、「野鳥の捕食説」などがある。野鳥の捕食説は、「アブラゼミは近くの樹木に隠れる習性があるが、都会では隠れるところがないので捕食されやすい。クマゼミは遠くに飛び去る習性があるので捕食されにくい」というのだが、真偽のほどは明らかではない。

日本人がアメリカ産の牛肉や中国産の野菜を口にし、日本に生息するカワセミが北米原産のアメリカザリガニやカダヤシなどの外来生物を食べている。国家や地域の境界を越え、急激にグローバル化が進む時代である。ますます地球が狭くなり、次々と新顔の昆虫が進出してくるようになった。昆虫相の変化に伴い鳥たちの食生活はどう変化していくだろうか。自然観察の視点の一つとして注目したい。

＊見沼田んぼ　埼玉県さいたま市や川口市に広がる水田地帯。江戸時代に干拓され面積約一二六〇ヘクタール。東京都心から二〇〜三〇キロメートル圏内に位置し、貴重な自然が残されている。

＊アワダチソウグンバイ（泡立草軍配）　*Corythucha marmorata*　カメムシ目グンバイムシ科　北米原産の昆虫で、本来はセイタカアワダチソウに寄生する。キクやヒマワリ、サツマイモなどに寄生し、食害をもたらす。

＊クマゼミ（熊蟬）　*Cryptotympana facialis*　カメムシ目セミ科　西日本から西南諸島（奄美を除く）に分布する日本特産種の大型のセミで、関東地方や北陸地方に分布を拡大して話題になっている。二〇〇四年頃から光ファイバーケーブルを枯れ枝と間違えて産卵し、断線被害が出て話題になっている。

■18　足元の昆虫、葉の上のササグモ

二〇一〇年六月、東京都にある三鷹、調布、小金井の三市にまたがる都立野川公園で自然観察大学*主催の自然観察会が行なわれた。六月二〇日に下見をし、二七日に本番を迎えたのだが、この観察会の特徴は、参加者約五〇名に対して講師が一〇名を超えることだ。講師の得意分野は植物、鳥、クモ、昆虫とさまざまだ。講師によって目のつけどころが違うので、参加者は複眼的な自然ウォッチングを楽しむことができる。ここでは、踏み固められたグラウンドを住みかとするコハンミョウ*、風通しのよい生垣などで飛んでくる昆虫を捕らえるササグモ*などの魅力を紹介したい。

◎コハンミョウに注目

都立野川公園*は広々とした芝生に樹木が散在しており、明るくて開放的な公園だ。芝生では今年巣立ったムクドリやスズメが群れて、餌になる小動物を探し回っている。ハシブトガラスが落葉をひっくりかえし、樹上ではコゲラが枯れ枝をコンコンとたたいている。私の場合は野外に出ると、条件反射的に鳥を見つけ、注目す

＊自然観察大学（前掲一三〇頁）

＊コハンミョウ（小斑猫）　*Myriochile speculifera*　コウチュウ目ハンミョウ科　本州から八重山諸島までの各地に生息する昆虫。成虫は裸地をダッシュしてアリやミミズなどを捕食し、幼虫は地面に掘った巣穴にいて接近する昆虫を襲う。

＊ササグモ（笹蜘蛛）　*Oxyopes sertatus*　クモ目ササグモ科　植え込みや草地に生息し、ササやススキなどのイネ科の植物の葉にいることが多い。網を張らず、葉の上で長い脚を広げてじっと静止し、獲物が接近すると飛びついて捕らえる。危険を感じるとさっと葉の裏側に身を隠す。

ることが、長年の習性として身についてしまった。しかし、植物の先生は早くも足元のオランダガラシやヘビイチゴを見つけ、昆虫の先生はミミズの死骸にとりつくオオヒラタシデムシを見つけてニコニコ顔である。

公園の一角にゲートボール場がある。踏みつけられて固くなった地面を指さし、昆虫に詳しい山崎秀雄先生が一言。

「足元の地面に注意して下さい。小さな穴が見えますか？」

地面には無数の穴が開いている。

「これは、コハンミョウの幼虫の巣穴です。子供の頃、ハンミョウ釣りをした人がいるかもしれませんね。では、それを実際にやってみましょう」

細い小枝を、そっと巣穴に差し込み、小枝にかじりついた幼虫をさっと釣り上げる。昆虫の先生の多くは、かつて昆虫少年としてよく遊んだと見え、ハンミョウ釣りのベテランだ。

「皆さん、この幼虫は平べったい頭部で巣穴を塞いで、外のようすを見ています。近づいてきた昆虫を一瞬にして巣穴に引きずり込んでしまいます」

フィールドでの学習はわかりやすく、楽しい。

「ちょっと歩くと成虫が飛び出るので注意して下さい。脚が長く、口には鋭い牙がありります（写真18・1）。長い脚で素早く走り、牙で獲物を捕らえます。立ち止まっ

＊都立野川公園　東京都三鷹市、調布市、小金井市にまたがる公園で一九八〇年に開園した。多摩川が武蔵野の台地を削ってできた河岸段丘をハケ（国分寺崖線）といい、崖下から湧き出る湧水を集めて流れる野川を中心にした公園。自然観察園や芝生広場などがあり市民の憩いの場になっている。

写真 18.1　足元から飛び出るコハンミョウ。長い脚でダッシュして獲物を捕らえる（2010 年 6 月 20 日、都立野川公園、東京都）

て直立し、遠くの獲物を探す行動も見られます」

普段は、大人たちがゲートボールをするグラウンドだが、その足元ではコハンミョウの幼虫が巣穴を掘り、精悍で肉食性の成虫が走り回っている。

◎ササグモを探す

コハンミョウのいる広場は、生垣で囲まれており、チガヤが生え、ヘクソカズラなどのつる植物が絡まっている。ここはクモに詳しい浅間一茂先生の出番である。

「この生垣の葉には面白いクモがいます。緑の葉に淡い緑色をしているので見つけにくいですが……、どうですか、見つかりましたか？」

「先生、いました、いました。脚が長くて、トゲだらけですね」

「そのトゲが重要なんです。風で飛んでくる昆虫に飛びつき、脚とトゲでしっかり捕らえます」

六月の下旬には、初夏のように気温の上がる日があり、昆虫たちの動きも活発になる。この日は、ガガンボや羽アリを捕らえたササグモを観察し歓声がわいた（写真18・2、写真18・3）。

ササグモは網を張らず、草むらを動き回る徘徊性のクモだ。風通しのよいところで獲物が飛んでくるのを待っている。しかし、それは同時に、命取りにもなるリスクを抱えることになる。公園を飛び交うシジュウカラやハクセキレイにとって、クモは雛に与える絶好のごちそうである。小鳥たちは、虫やクモの習性を熟知しているようにも見える。草原や樹林にひそむ昆虫やクモの生態を知れば知るほど、バードウォッチングの楽しみもまた深まってくる。

◎エゴノキを丸ごと観察

ササグモの次は、一本のエゴノキ*の観察だ（写真18・4）。全員でエゴノキをとり囲んで、葉や枝振りや果実を観察し、幹や樹皮、根元などに注目しながら、エゴノキ談議に花を咲かせる。

まずは鳥から見たエゴノキである。種子はヤマガラの貴重な食物だ。堅い種子を両足でしっかりと押さえてコンコンとつつき、割って食べる。秘密の場所に持ち去って貯食することもある。果実には、石鹸の成分であるサポニンが含まれている。

＊ エゴノキ（前掲二二一頁）

写真 18.2　ガガンボを捕らえたササグモ（2010 年 6 月 20 日、都立野川公園、東京都）

写真 18.3　羽蟻を捕らえたササグモ(2010 年 6 月 20 日、都立野川公園、東京都)

写真 18.4　エゴノキの根元で「セミの塔」を観察する参加者（2010 年 6 月 27 日、都立野川公園、東京都）

写真 18.5　高さ数センチのツクツクボウシの「セミの塔」（2010 年 6 月 20 日、都立野川公園、東京都）

果実を水の入ったボトルに入れて激しくゆすると、たちまち白く泡立ってくる。かつては洗剤として利用していたことがよくわかる。エゴノネコアシアブラムシが作る虫こぶの話はさらに面白い。猫の足に似たユニークな形から、エゴノネコアシの名がある。エゴツルクビオトシブミは、エゴノキの葉を切って産卵し、丸めて落とし文*を作る。

六月のエゴノキの観察では、新しい発見があった。エゴノキを取り囲むように分布している「セミの塔」である（写真18・5）。セミの塔は、セミの幼虫が作ったもので、土塊を高さ二〜三センチに盛り上げたものだ。エゴノキを取り巻くように分布している。幼虫の正体はツクツクボウシであった。エゴノキの根から養分を吸収して育ち、夏の終わりころには成虫が現れ、独特の鳴き声を聞かせてくれる。エゴノキ一本を見ても、さまざまな生物の関わり合いや季節の移ろいを感じさせてくれる。

＊落とし文　コウチュウ目オトシブミ科の昆虫が作る筒状に巻かれた葉のことで、江戸時代の匿名文書「落とし文」の形態に由来する。エゴツルクビオトシブミ ***Cycnotrachelus roelofsi*** は、日本に生息する二三種のうちの一つ。

■19　ミツバチと養蜂を楽しむ人々

ハチやアリなどの社会性昆虫は、たくさんの個体が集まって集団を形成する。哺乳類や鳥にとっては、集まった昆虫は恰好の食物源である。しかし、ハチには針や毒があり、アリも鋭い顎で噛みついて反撃するので、手強い相手だ。それでも、ハチクイのようにハチを専門に捕食する鳥がいる。台湾・金門島にはハチクイの集団繁殖地があり、空中でハチを捕らえるシーンを観察したことがある。夏鳥のハチクマもハチの巣を襲って幼虫を食べる。一方、アリスイのようにアリを食べる鳥もいる。キツツキ類の仲間は樹木に巣を作るアリを好んで食べる。北海道の原生林に生息するクマゲラは、冬季には樹木で越冬中のアリをよく食べる。ここでは、大都会でも農村でも人気のある養蜂を取り上げ、ミツバチの生態や環境との関係などを紹介したい。

◎「自由が丘」に飛び交うミツバチ

東京都目黒区の「自由が丘」は、住みたい町ランキングの上位として話題になり、洗練された町並みで知られている。その自由が丘のビルの屋上で、二〇〇九年よりセイヨウミツバチ*による養蜂が行なわれている。二〇一二年六月、養蜂を行なっている六階建てのビルの屋上に案内してもらった。東には東京スカイツリーが、西には多摩丘陵や富士山が見渡せ、なかなかの眺望である。屋上よりさらに一段高いところに二個の巣箱が設置され、さかんに働きバチが出入りしていた(写真19・1)。

「冬の寒さのために、今年は女王バチの越冬ができませんでした」

担当者の説明を聞きながら巣箱を見ていると、大都会のあちこちからミツバチが飛んでくる。

「巣箱のまわりに死骸が多いのはなぜですか?」

「強風で叩きつけられたり、屋上まで飛んでくるのに体力を消耗するようですね」

「都心にも蜜源になる花はあるんですか?」

「花は結構ありますね。それに、ミツバチの飼育を通して、商店街でも花や緑を殖やそうという気運が盛り上がってきました」

養蜂が起爆剤となり、花と緑の溢れる街づくりが進行中だ(写真19・2)。

養蜂の楽しみは収穫した蜂蜜であり、さまざまな用途に利用されている。喫茶店「自由が丘モンブラン」では、蜂蜜を用いた特製のケーキが食べられる。期間限定なのでいつでも食べられるわけではないが、都会の蜂蜜ならではの新鮮さが感じられる。

＊セイヨウミツバチ(西洋蜜蜂) ***Apis mellifera*** ハチ目ミツバチ科 ヨーロッパを起源にもつミツバチで、花蜜を効率的に集めるので養蜂に利用される。女王バチ、働きバチ、雄バチの三階級があり、働きバチが巣の外に出て蜜を集める。オオスズメバチの攻撃に対して単独で迎撃するため数時間で全滅してしまう。

写真 19.1　盛んに出入りするセイヨウミツバチの働きバチ（2012 年 6 月 21 日、東京都目黒区）

写真 19.2　自由が丘商店街の一角に張られた「かべ新聞」。蜂蜜の利用や養蜂活動が紹介されている（2012 年 6 月 21 日、東京都目黒区）

◎半野生のニホンミツバチ

養蜂といえばセイヨウミツバチが主流だが、日本では昔からニホンミツバチ*の養蜂が盛んであった。しかし、効率的に蜜を集めるセイヨウミツバチに押されて、一時は姿を消したかに見えた。が、最近では、各地でニホンミツバチの養蜂に取り組む人が現れた。二〇〇八年に『吾妻渓谷探勝記』（一九三六年発行）を復刻した浦野安孫氏に案内してもらい、二〇一二年六月、群馬県長野原町の林地区で養蜂を行なっている篠原重雄氏宅を訪ねた。吾妻渓谷は首都圏の水ガメとして八ッ場《やんば》ダム建設のまっただ中にあったが、高台にある篠原宅は庭一面に花が咲き、ミツバチが飛び交っていた。庭の一角にミツバチ用の巣箱が多数設置されているが、今年の冬は寒さが厳しくて女王バチの越冬がむずかしかったという。利用している巣箱は三個。分封した野生のハチが巣箱に入ってくれるのを待っていた。なかなか巣箱に定着せず、逃げられてしまうことが多い。養蜂とはいっても、ニホンミツバチの場合、飼育昆虫というよりも、野生のミツバチを取り込んで利用していることがよくわかる。

◎ランの花に誘われるニホンミツバチ

翌七月七日、ＪＲ吾妻線の岩島駅の近くでニホンミツバチを飼育している山野

＊ ニホンミツバチ（日本蜜蜂）
Apis cerana japonica　ハチ目ミツバチ科　日本の山野に生息する野生のミツバチ。養蜂として利用するには、分封した野生の群れを巣箱内に誘導して定着させる必要がある。その際、ランの一種キンリョウヘンの花に集まる習性を利用する。病気に強く、耐寒性があり、オオスズメバチに対して集団で取り巻いて蜂球という塊となり、体温を上げて熱殺する。条件が悪くなると巣を放棄し、野生に戻ってしまう。

写真 19.3　ニホンミツバチの巣箱を開け、その生態を解説する山野彊氏（2012 年 7 月 8 日、群馬県東吾妻町）

写真 19.4　ニホンミツバチの巣の中。上から蜜や花粉、卵の部分などが区分されている（2012 年 7 月 8 日、群馬県東吾妻町）

彊《つよし》氏宅を訪ねた。こちらの庭の花壇も花に満ち溢れ、ハチが飛び交っている。樹陰のあちこちにミツバチ用の巣箱が設置されている。

山野さんに養蜂の方法やミツバチの生態について詳しく説明していただいた。巣箱は二メートル以上の間隔を保つ必要があるという。巣箱ごとにミツバチの性質も微妙に異なり、人に対して攻撃的なハチのいる巣箱もあれば、人を刺さないおとなしい巣箱もあるという。そこで、人を刺さないという巣箱の中を見せていただくことにした。念のために大野さんは頭にネットを被って巣箱の蓋を開けたが、攻撃してくる気配はまったくない（写真19・3）。巣箱から取り出した枠には、上の方から蜜を貯蔵している部分、花粉の部分、産卵した巣のある部分などが見事に分かれている（写真19・4）。働きバチに混じって盛んに動き回っている女王蜂もいる（写真19・5）。採蜜は九月頃に終了し、一〇月以降に集めた蜜はミツバチの越冬用に残してやるという。また、越冬中の女王バチは一一℃以下で死んでしまうので、働きバチは女王バチを団子状に取り巻いて保温する。個体数が少ないと保温できずに越冬に失敗してしまう。山野さんの説明で、特に興味深いことがあった。分封したミツバチを巣箱に誘導して集めるのに、キンリョウヘン*というランの花が有効だという（写真19・6）。理由は不明だが、巣箱の近くに置くだけでハチが集まり、入りやすくなるという。

＊キンリョウヘン（金稜辺）　ラン目ラン科　*Cymbidium floribundum*　中国原産のラン。日本には文明年間（一四六九－一四八六年）に渡来したと言われさまざまな品種がある。花にはニホンミツバチの群れを引き寄せる匂い物質（集合フェロモンと同じ作用）があるといわれ、春先に分封したミツバチの群れを巣箱に誘導する際に利用する。

写真 19.5　女王バチと働きバチ。写真中央の色が濃くて大きな個体が女王バチ（2012 年 7 月 8 日、群馬県東吾妻町）

写真 19.6　シンビジウムの一種のキンリョウヘン。巣箱のそばに置くと、分封したニホンミツバチが巣に入りやすくなる（2012 年 7 月 8 日、群馬県東吾妻町）

◎都心でも増えたニホンミツバチ

最近、東京の都心やその周辺で野生のニホンミツバチの巣をよく見かける。筆者がこれまでに観察しただけでも、皇居のお濠端の街路樹（ヤナギ）、北の丸公園の石垣のすき間、上野不忍池《しのばずのいけ》の弁天堂近くの樹木、小石川植物園（文京区）のイチョウの樹洞、大町自然公園（市川市）のケヤキやキリの樹洞などである。都会にニホンミツバチが復活してきたのは、オオスズメバチなどの天敵が少ないためであろうか。それとも、都会に花が増え、樹木も大木化して樹洞が多くなったためであろうか。ともあれ、都会でも農村でも、ミツバチを通して花や緑と人々の生活がつながり、街づくりにも貢献し、人と人の交流も盛んになりつつある。

■20　集団越冬するオオキンカメムシ

大学の卒業式にも出ずに山仲間三人で出かけた利尻岳は、今でも忘れられない山行の一つだ。昭和四一年（一九六六年）三月、シケのため稚内港で何日も足止めされ、船酔いに悩まされながらようやくたどりついた利尻島。雪深い裾野でのラッセル、アイゼンの爪を頼りに登った稜線のアイスバーン、そして、山頂直下一〇〇メートルほどで力尽きてしまった苦い思い出。三月とはいえ気温はマイナス一〇～マイナス一五℃。北風は肌を刺すように痛い。そんな厳寒の離島で脳裏をかすめたのは、道南の函館まで行けばどれほど太陽が輝いて見えることか、ましてや、東京や千葉は常夏の南国のように思えるだろうということだった。シベリアや北海道で繁殖した鳥が、本州以南で越冬する気持ちが理屈なしにわかるような気がした。オオキンカメムシ*の越冬地は、黒潮洗う温暖な房総半島、千葉県鴨川市の太夫崎《たゆうざき》である。

＊オオキンカメムシ（大金亀虫）***Eucorysses grandis***　カメムシ目キンカメムシ科　東南アジアから台湾、日本に分布する大型のカメムシ。冬季には日当たりのよい海岸林のヤツデ、ミカン、トベラなどの常緑樹の葉裏で集団越冬する。

◎オオキンカメムシとの出会い

太夫崎には皿井靖長氏の別荘「黒鷺亭」があり、二〇〇四年から二〇一三年にか

写真 20.1 初めて見つけたオオキンカメムシ。マテバシイの葉の間で6匹が越冬中（2008年1月14日、太夫崎、千葉県鴨川市）

けて月一回くらいの割合でお邪魔してきた。年末には水仙が咲き、一月末~二月には梅が満開となり、菜の花畑ではミツバチが飛び交う無霜地帯だ。温暖な気候を利用し、花卉《かき》や野菜の栽培が盛んであり、北海道の冬とは大違いだ。

越冬中のオオキンカメムシに初めて気づいたのは、二〇〇八年一月一四日であった。幹線道路から旧道に入り、さらに農道を数百メートルほど入って下車。畑の中の小径を別荘のある海岸へと向かう。タブノキやマテバシイなどの林の南面は、日溜まりで暖かい。ふと、頭上を覆うタブノキの枝を見上げた時であった。葉と葉のすき間に、朱色と黒色の派手な模様の昆虫が目に入った。何匹もいる。「オオキンカメムシだ、集団越冬じゃないか！」と思わず口走ってしまった（写真20・1）。フィールドで観察するのはこの時が初めてであった。葉と葉の間に六匹が集まっている。周囲を探してみると、タブノキの葉に三匹、ヤツデの葉に四匹、ソテツの葉に一匹、計一四匹を数えた。その後、三月一六日に二〇匹、四月一三日にも一六匹を数えた。

写真 20.2　イヌビワの葉で集団越冬中のオオキンカメムシ９匹（2008 年 11 月 3 日、太夫崎、千葉県鴨川市）

◎アルプスを越えての「渡り」

オオキンカメムシは体長二〇～二五ミリ、カメムシ類では最大である。成虫では朱色と黒色の模様が実にカラフルである。カメムシというだけで、臭くて嫌だという人が多いかもしれないが、色彩の鮮やかなオオキンカメムシは別格である。しかも、集団で越冬する習性も興味深い。

オオキンカメムシの集団越冬について、東洋大学名誉教授の大野正男先生より貴重なコメントをいただいた。その一つは、分布が熱帯を中心に、東南アジアや中国から日本までであり、本州が北限だという。越冬地は、日本海側では鳥取県、太平洋側では房総半島以南の海岸地方である。ということは、筆者が観察した南房総の越冬地は、地球上で最も北に位置しており、地球温暖化の影響を受けて北上する最前線ということになる。

二つめは、長距離を移動し、季節的な「渡り」をするらしいのだ。春には越冬地から各地へと移動し、夏には東北や北海道でも採集されている。秋になると日本列島を南下し、温暖な海岸地方で集団越冬をする。秋の移動のころ、富山県の北アルプスの山頂付近でしばしば死骸が採集されるという。日本海側で繁殖した個体が、山脈を越えて移動する途中、風に吹き上げられて死んだのではないかと考えられている。

◎興味深いさまざまな生態

オオキンカメムシが長距離の渡りをするとすれば、房総の個体はどこから飛来するのだろうか。渡りのコースが気になるところだ。アサギマダラ*のように、たくさんの個体にマーキングし、移動先を追跡してみる価値はありそうだ。日本列島を渡るアサギマダラ、北米大陸を長距離移動するカバマダラチョウなどと同様に、オオキンカメムシの渡りも解明される日がくるかもしれない。

太夫崎では、その後、二〇〇八年一一月三日に計八五匹、二〇〇九年二月八日には三一匹を数えている（写真20・2）。といっても、全個体が一ヵ所にまとまっているのではない。一枚の葉の裏には一～三匹、多くて五～六匹いるのが普通だ。同じ葉にいる数が、増えたり減ったりしているので、葉から葉へと移動する個体もいる。それにしても、これほどカラフルでよく目立つ昆虫が集まれば、天敵に見つかりやすくならないだろうか。それとも、集まることによって警告色を強調しているのだろうか。この昆虫を捕食する鳥はいるのだろうか。越冬中の生態は、まだわからな

＊アサギマダラ（浅葱斑）　チョウ目タテハチョウ科　*Parantica sita*　名は、翅の半透明の部分が浅葱色をしていることに由来する。幼虫の食草は毒性のあるキジョラン（ガガイモ科）などであり、幼虫の毒が成体に蓄積されて毒蝶となる。翅に印をつけて放蝶するマーキング調査により、秋に日本本土から西南諸島、台湾、香港などへ渡ることが明らかになった。

いことが多い。

◎房総半島で越冬する蝶

オオキンカメムシ以外にも、房総半島ではいろんな蝶が越冬している。よく見かけるのはウラギンシジミ＊だ（写真20・3）。雄では翅《はね》の表面は赤褐色。翅を閉じると裏面は銀白色に光って美しい。また、翅の表面がルリ色に輝くルーミスシジミ＊が山中の落葉の上などで越冬していることがある。南方系の蝶で、日本では産地が限られている貴重な蝶だ（写真20・4）。

最近は、東京湾アクアラインの通行料値下げの影響で房総にやってくる人も多くなった。海も山もある房総半島は本物の自然に触れ、自然観察を楽しむ絶好の場所である。時には車から降り、小道にも分け入り、生き物たちの暮らしにも目を向けてもらいたいものだ。

＊ウラギンシジミ（裏銀小灰蝶）　***Curetis acuta paracuta***　チョウ目シジミチョウ科　名は翅の裏側の銀白色に由来する。暖地性のチョウで、日本では本州以南に分布する。

＊ルーミスシジミ（ルーミス小灰蝶）　***Panchala ganesa***　チョウ目シジミチョウ科　原生林の川や池などのある環境に生息し、分布は房総半島以西で局所的である。翅表は美しいコバルトブルー。名は採集者のルーミス（H.Loomis）にちなんだものである。

写真 20.3　成虫越冬するウラギンシジミ（2008 年 10 月 11 日、館山野鳥の森、千葉県館山市）

写真 20.4　落葉の上で越冬中のルーミスシジミ（2007 年 2 月 11 日、清澄山系、千葉県）

21　隠れんぼするホソミオツネントンボ

◎心ときめく晩秋～初冬

各地から雪の便りが届く季節となった。北国からやってくる羽族《うぞく》へのロマンがかきたてられる頃でもある。伊豆沼でガンの群れを見ようか、ツル越冬地の荒崎にも出かけたい、近場の公園でオナガガモの求愛行動をしっかり見よう……等々、期待に胸が膨らんでくる。心待ちにする冬鳥に加えて、ここ数年もう一つの楽しみが加わった。ホソミオツネントンボ*の観察だ。一一月上旬頃、雑木林などの越冬地に現れ翌春までを過ごす習性があり、冬の生態が実に面白い。冬鳥とホソミオツネントンボの両方がやってくる一一～一二月、いよいよ冬の自然観察の幕開けだ。

◎越冬するトンボの不思議？

昆虫やカエル、ヘビなどの多くは、冬は静かに冬眠する。体温を下げ、代謝を落として冬を乗り越える。トンボ類の多くは幼虫（ヤゴ）で越冬する。しかし、例外のない文法がないように、ホソミオツネントンボは成体（性的に成熟していないので亜成体）で越冬する。春に成熟して産卵し、初夏にはヤゴが羽化してそのまま秋

＊ ホソミオツネントンボ ***Indolestes peregrines*** トンボ目アオイトトンボ科　本州・四国・九州まで広く分布し、成体（亜成体）で冬を過ごすので越年トンボの名がある。冬の間は体色が茶褐色で、枯れ枝に似る。春に成熟すると美しいルリ色に変化する。

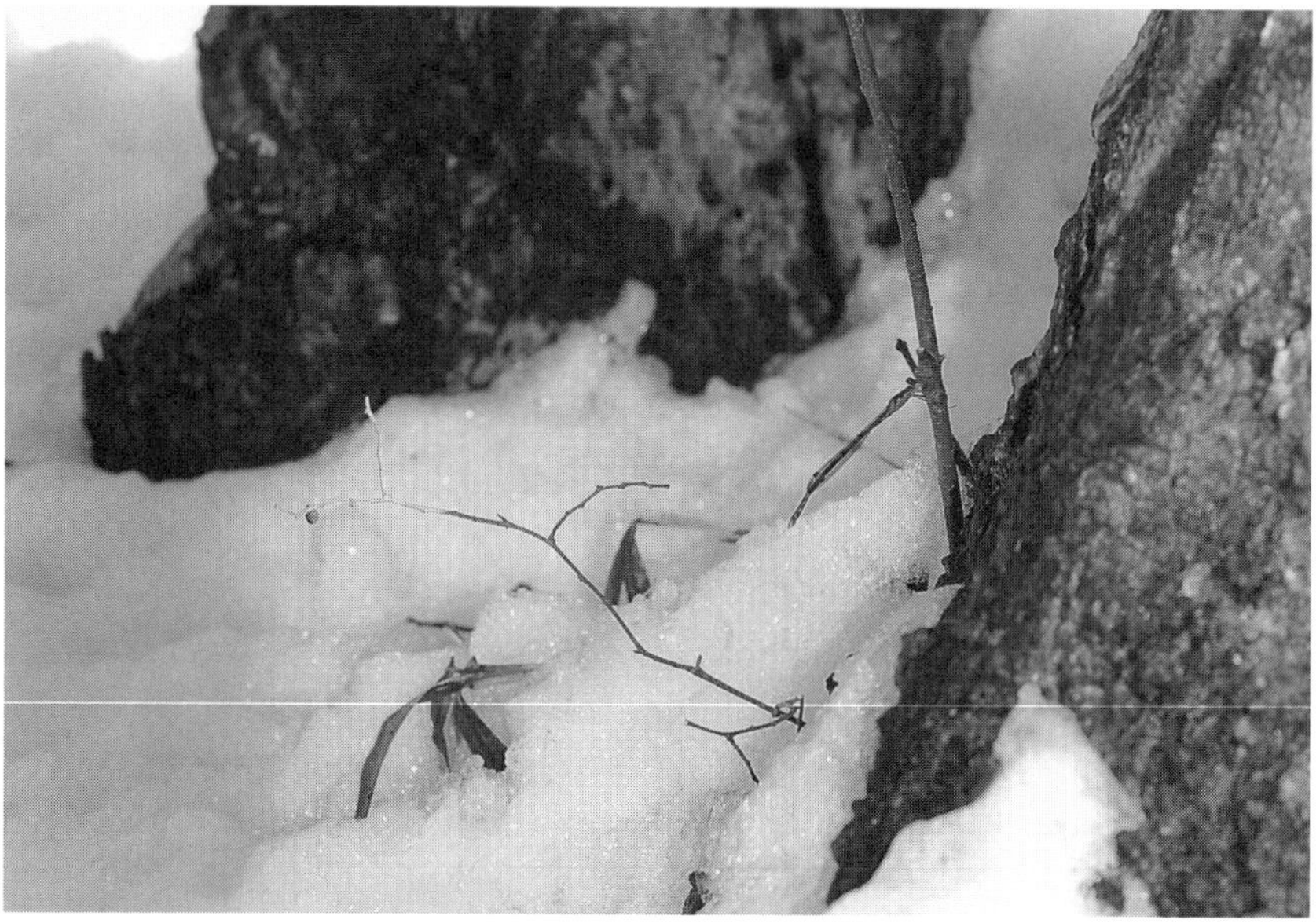

写真 21.1　雪の雑木林で越冬中のホソミオツネントンボ（♀）(2008年2月4日、千葉県市川市内の雑木林)

から冬を亜成体で過ごす。春に成熟したコバルトブルーの成体は宝石のように美しい。名前の「ホソミ」は細い体、「オツネン」は越年、その名の通り冬を成体で越す細いイトトンボだ。冷たい北風が吹こうが、降りしきる雪が体に積もろうが、小枝を握って離さない。その可憐な姿を目にすると命に対する感動が込み上げてくる（写真21・1）。

なぜ卵やヤゴ（幼虫）ではなく成体で越冬するのだろうか。雪や霜、冷雨などをどのように凌いでいるのだろうか。いったい雑木林には何頭くらい越冬しているのだろうか。冬季にも移動するのだろうか。雑木林にはシジュウカラやエナガ、メジロなど昆虫食の鳥がたくさん生息している。捕食されないのだろうか。謎だらけのトンボだ。

◎胸の斑紋による個体識別の試み

ホソミオツネントンボはけっして珍しいトンボで

写真21.2　逆立ちして巧みに擬態する雄（2008年1月15日、千葉県市川市内の雑木林）

写真 21.3　小枝の中に隠れているホソミオツネントンボ

はない。都心でも観察できる普通種だ。初冬の皇居東御苑（千代田区）や自然教育園（港区）でも生息している。しかし、身近に生息しているのにとても見つけにくい。

二〇〇六年一二月、市川市内の雑木林を調査地に選び、木村一彦氏の支援を得て冬の生態観察を開始した。まずは、どんな樹木のどんな枝に、どのように止まっているのかを調べてみた。とはいっても、越冬中の個体を見つけるのは容易ではない。小枝の先端に、どう見ても小枝になりきって止まっている。地上わずか二〇センチ足らずの足元の小枝にいることもある。巧みな擬態ぶりは職人芸に近いものがある。「見つけられるものなら見つけてごらん」と言っているかのようだ（写真21・2、写真21・3）。人の目を欺く巧みな擬態、それを見破って発見した時の喜びは大きなものがある。

越冬中のホソミオツネントンボの個体識別はでき

ないだろうか。雌雄は腹部先端の交尾器で識別できる。また、胸部側面の斑紋が一頭ごとに微妙に異なる。斑紋のない個体もいれば、黒くて太い個体、細長くて尖った個体もいる。こうした違いに着目し一頭ごとに名前をつけ、その後の生息状況を春まで追跡してみることにした。

◎エゴノキの冬枝に九六日間滞在

二〇〇六年度の調査では計一五二頭を発見した。雑木林内に滞在する日数を見ると二タイプに分けられる。長期にわたって同じ場所に留まる「長期滞在型」と、数日以内に移動してしまう「短期滞在型」の二タイプである。長期滞在型は、全体の約三分の一にあたる四七頭（雄二九頭、雌一八頭）。雑木林内に滞在した日数の最長は、雌では「あかげら姉」と命名した個体で、一二月一八日～三月二三日の九六日間、平均滞在日数は五二日間であった。雄では「柏井兄」の一二月一八日～三月二日の七五日間、平均は二九・四日間であった。越冬期が終わろうとする三月になると、「長期滞在型」は姿を消してしまい、短期滞在型の個体が大部分を占めるようになった。地上高、樹種、方位、角度なども詳しく調べた。詳細は二〇〇八年一二月発行の『千葉生物誌』（一二二号）に報告した。

写真 21.4　雪面を歩くホソミオツネントンボ（♀）。翅の先に油性マジックでマーキングしてある（2008 年 2 月 4 日、千葉県市川市内の雑木林）

◎雪の日のホソミオツネントンボ

二〇〇七年一一月～二〇〇八年三月（二〇〇七年度）も木村一彦氏の協力を得て調査を継続した。一四五頭を観察し、そのうちの八六頭について油性マジックで翅《はね》にマーキングして個体識別を行なった。長期滞在型の最長記録は一一四日間（一二月一日～三月二三日）であった。また、一二月中旬にマーキングした個体がその後ずっと行方不明となり、一～二月になって再発見された事例がいくつもあった。なぜ姿を消したのか、どこに行っていたのか……等々、まだまだわからないことは多い。

二〇〇七年度の調査では感動的なシーンがいくつもあった。その一つが二〇〇八年二月三日の大雪の日だ。調査地は一〇～一五センチの積雪を記録した。翌四日の朝、銀世界になった雑木林で小枝に止まるホソミオツネントンボを観察した。雪の上を歩く姿に改めてこのトンボの寒さへの適応力の素晴らしさを実感した（写真21・4）。シジュウカラやヤマガラ、メジロなどの混群が冬の林を移動していく。そのすぐそばには息をひそめて隠れているホソミオツネントンボがいる。越冬するトンボの生態を知ることによって冬の小鳥を観察する目が養われたように思える。

■22　ムカシトンボの生き残り戦略

『フィールドガイド日本の野鳥』の著者である高野伸二さんは、鳥はもとよりクモの研究者としてもよく知られている。「鳥しか知らない」という人もいるが、「鳥も知っている」という人は、自然に向きあったときの幅の広さや奥行きの深さが違ってくる。その意味で、たとえば、トンボの観察も大切にしたいし、いろんな生物を幅広く観察したいと思う。ここでは、季節に先駆けて活動を開始するムカシトンボ*などの早春のトンボを紹介したい。

◎生きた化石「ムカシトンボ」

トンボの観察は、普通は六～九月の気温の高い季節が適している。真夏に飛び交うヤンマの仲間は実に迫力がある。しかし、トンボ愛好家にとっては、早春のトンボも見逃せないものがある。中でもムカシトンボは「生きた化石」とも言われ、ヒマラヤと日本に一種類ずつ計二種類しかおらず、早春を代表するトンボである（写真22・1）。

ムカシトンボの名は、中生代三畳紀～ジュラ紀（二億四千万年～一億六千万年

＊ムカシトンボ（昔蜻蛉）　***Epiophlebia superstes***　トンボ目ムカシトンボ科　山間部の水のきれいな渓流域に生息する日本の固有種。生きた化石の一つ。幼虫の期間は五～六年と長く、四～六月に羽化して成虫になる。

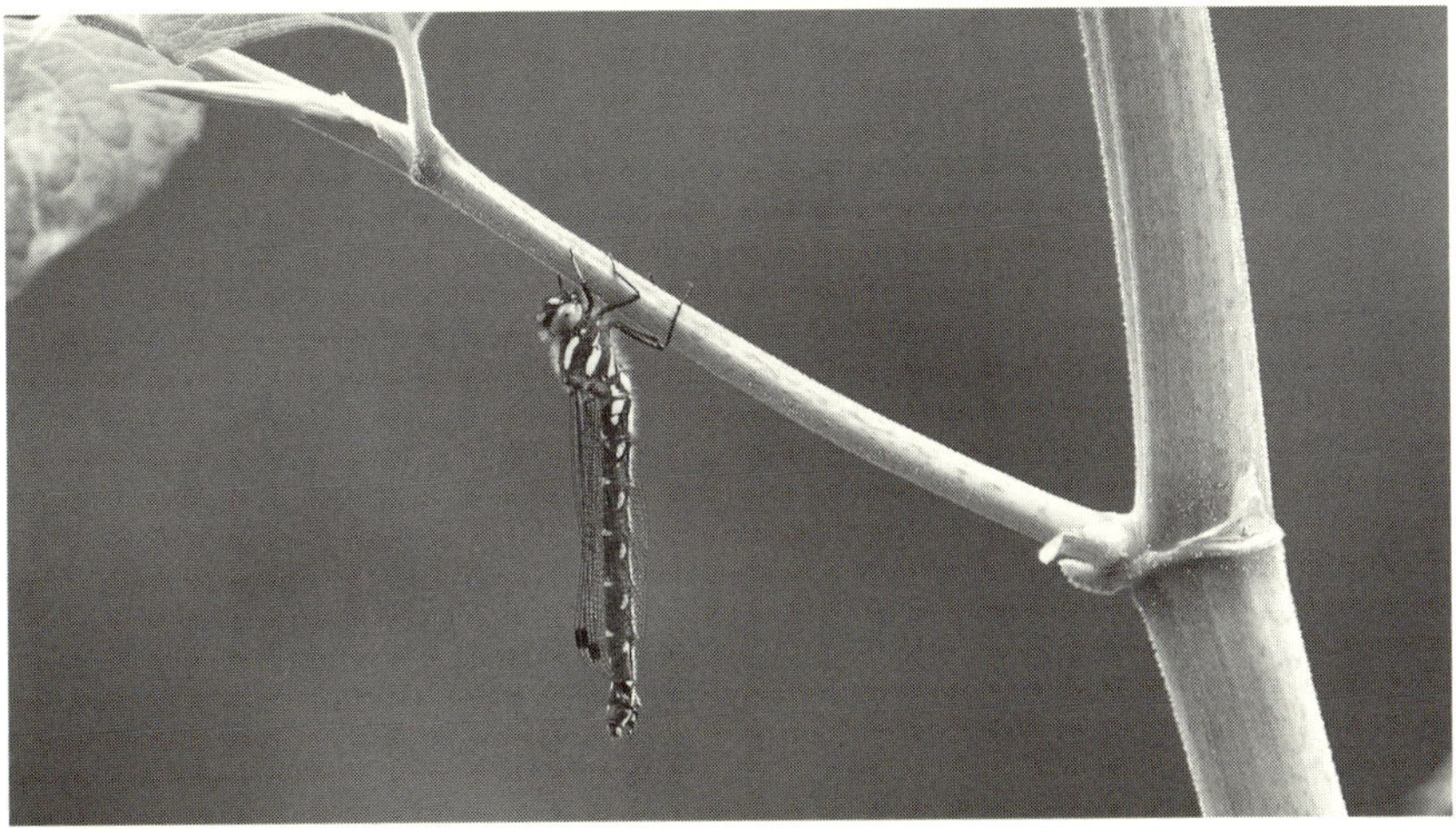

写真 22.1　翅を閉じ、イタドリの茎にぶら下がるムカシトンボ。頭胸部には毛が密生している（2008 年 5 月 3 日、栃木県足利市の山間部）

前）の地層から出土されたトンボに似ていることに由来するが、はたしてどんなトンボだろうか。

トンボの仲間は世界で約五五〇〇種類が知られ、三亜目に分類される。前後の二対の翅《はね》がほぼ等しいのが「均翅亜目《きんしあもく》」（イトトンボ類など）。前翅《ぜんし》より後翅《こうし》が大きいのが「不均翅亜目《ふきんしあもく》」（約七三パーセントのトンボがこの仲間）。これに対し、翅が二つの亜科の中間的な特徴を備えているのがムカシトンボの属する「ムカシトンボ亜目」だ。トンボは均翅亜目から不均翅亜目が分化したと考えられており、ムカシトンボは生物学的にもきわめて重要な種である。日本の固有種であり記念切手（一九八六年七月）にもなっている。北海道から九州まで、「全国各地の山間部の清流に生息する」と言われているが、実際の生息地は限られている。

◎栃木県の山中を訪ねる

二〇〇八年五月初旬、館林市在住でトンボに詳しい荒井堅一さんに案内してもらい、ムカシトンボを求めて栃木県足利市の山中に入った。源流に近いキャンプ場や川沿いを物色したが、簡単には見つからない。探すこと三〇～四〇分、「あっ、いました、飛んでいます」と荒井さんが指さすところを見ると、ガガンボらしき昆虫をフライキャッチ。屋根の上へ飛び、さらにカリンの花咲く枝へと移動する。一瞬ではあったが、これがムカシトンボとの最初の出会いであった。トンボは、体が細くて小さく、しかも動きが速いので、鳥を見慣れているバードウォッチャーにとっては戸惑うことが多い。

ところが、目が慣れてくるにつれてトンボが見えるようになってくるから不思議である。目の前を猛スピードで飛び去ったかと思うと、一気に急上昇し、青空に吸い込まれていく、そんな姿を追えるようになる。しかし、容易には静止してくれない。ようやくイタドリの茎に止まる姿を見ることができた（写真22・1）。頭や胸にびっしり生えた毛は、「生きた化石」の風格が感じられた。止まった時に、最初は翅を半開きにしているが、やがて翅を閉じてぶら下がる。体はちょっと太く、ヤンマの仲間（不均翅亜目）に似ているのだが、翅を閉じて止まる習性はイトトンボなどの均翅亜目の特徴をしている。じっと見ていると、太古の時代の息づかいが伝わってくるかのようだ。

ムカシトンボは、ヤゴ（幼虫）も独特である。多くのトンボの幼虫は、流れのゆるやかな川や止水などの泥や砂まじりの水底で暮らす。ところが、ムカシトンボは、流れの速い清流におり、石や砂利の間に生息する。しかも、羽化までに六～七年もかかる。ウスバキトンボ*の幼虫がわずか一ヵ月で羽化するのとは大違いだ。トンボには発音器官がないので、セミやスズムシのようには「鳴かない」のが特徴の一つなのだが、ムカシトンボの幼虫は音を出すことができる*。

ムカシトンボは、多くのトンボが生息しにくい山中の清流で暮らし、気温の低い春に羽化して活動する。他のトンボとの競争を避けながら生きのびてきたにちがいない。

◎シオヤトンボ、ホソミオツネントンボ

平地でも、他のトンボに先駆けて羽化するトンボがいる。シオヤトンボ*だ。シオカラトンボに似るが、一回り小さい。千葉県内では、四～五月の水田地帯や自然公園などで、水辺のコンクリートの堤防や石、農道の地面、倒木などにじっと止まっている。体を伏せ、身動き一つしないので、足元から飛び立つまで気づかないことも多い（写真22・2）。

シオヤトンボの羽化は早朝に行なわれることが多い。ヤゴは水辺の草などにしっかりと止まり、やがて背が割れ、成虫が現れる。縮んでいた翅が少しずつのびて半透明の翅が完成する（写真22・3）。羽化したばかりの翅や体は柔らかく、すぐには

＊ウスバキトンボ（薄羽黄蜻蛉） *Pantala flavescens* トンボ目トンボ科　体長五センチ、翅の長さ四センチほどの中型のトンボ。全世界の熱帯・温帯に広く分布する。日本では南日本で発生した個体が世代交代を繰り返しながら北上する。翅の幅は広く、風に乗って長距離を移動することができる。

＊ムカシトンボの幼虫の腹部には第三～七節に発音やすりがあり、後ろ足と擦り合わせてギシギシと音を立てる。捕まえると音を出すので、外敵を脅す効果があると考えられている。

＊シオヤトンボ（塩谷蜻蛉） *Orthetrum japonicum japonicum* トンボ目トンボ科　雄は成熟すると青白い粉で覆われ、雌は黄色。シオカラトンボに似るがやや小さい。日本各地の水田地帯や湿地、池沼などに生息する。日本特産種。

写真 22.2　観察路のコンクリートの上に伏して動かないシオヤトンボ（♂）（2007 年 4 月 15 日、大町自然公園、千葉県市川市）

写真 22.3　羽化したばかりのシオヤトンボ。まだ体や翅が柔らかく、飛ぶことができない（2006 年 4 月 8 日、大町自然公園、千葉県市川市）

飛べない。数年前、大町自然公園（市川市）でシオヤトンボが大発生したことがある。が、羽化したばかりのため飛び立てず、大部分はムクドリに捕食されてしまった。江戸川では、八～九月の早朝、岸辺でナゴヤサナエが羽化するが、ハクセキレイに食べられてしまうことが多い。

シオヤトンボが羽化する春の水辺では、瑠璃色をした宝石のように美しいホソミオツネントンボ*の姿を見かけることがある。雑木林などで成虫のまま越冬し、春に水辺へと移動して交尾し、水草の茎などに卵を産みつける（写真22・4）。ホソミオツネントンボやシオヤトンボは、ムカシトンボのようにいち早く繁殖を開始することによって他種との競合を避けて生きのびてきた。初夏には、シオカラトンボやオオシオカラトンボ（写真22・5、写真22・6）、あるいはオニヤンマなどの強力なライバルが次々と現れるからであろう。

＊ホソミオツネントンボ（前掲一五五頁）

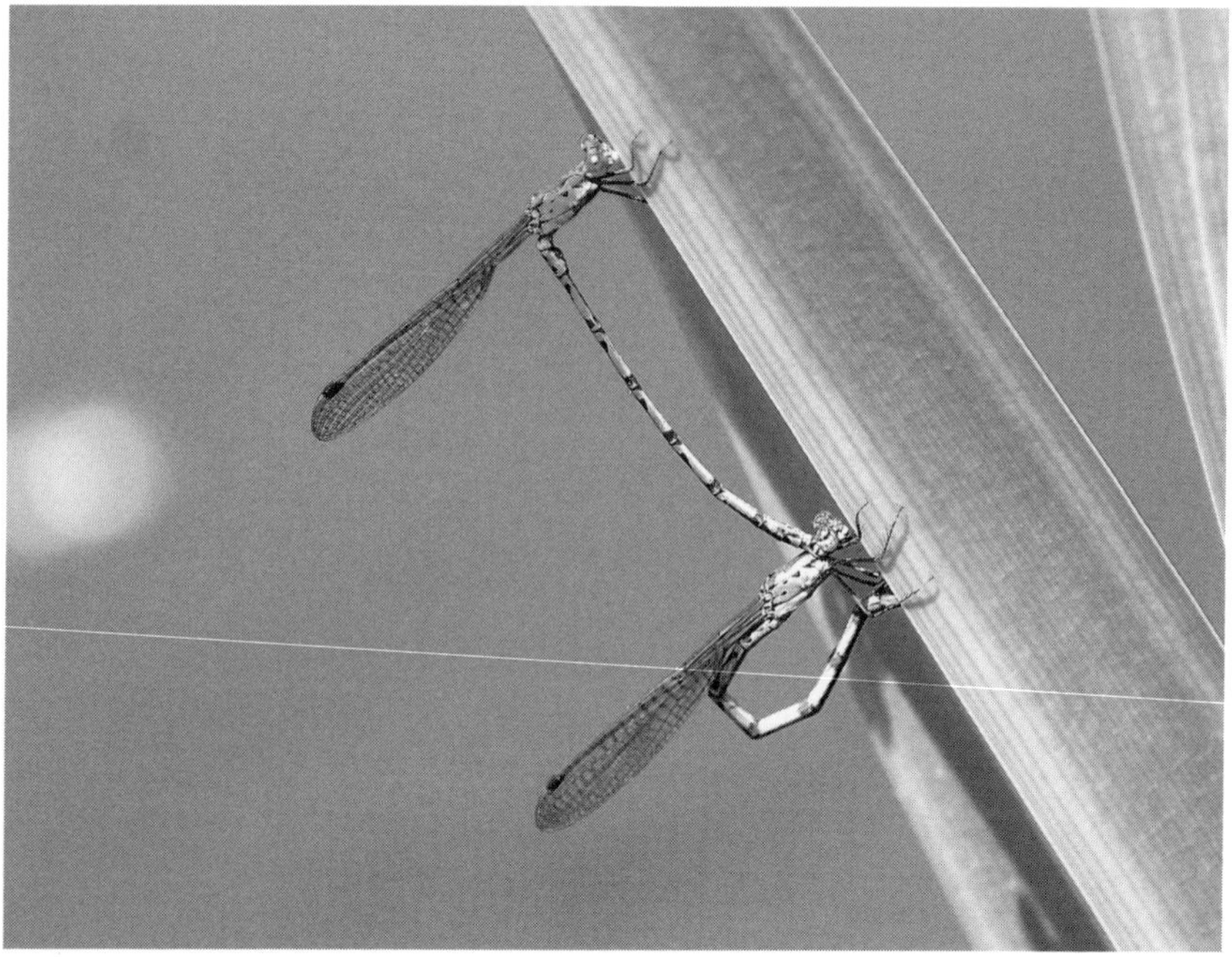

写真 22.4　成虫で越冬し、水草の茎に産卵するホソミオツネントンボ（2007年6月2日、千葉県印西市）

写真 22.5　交尾中のシオカラトンボ。初夏のころに現れ、明るい水辺を好む（2007年8月31日、千葉県印西市）

写真 22.6　交尾中のオオシオカラトンボ。シオカラトンボより大きくやや暗い水辺を好む（2010年7月2日、東高根森林公園、神奈川県川崎市）

V　クモを見る楽しみ

奥深い自然遊び

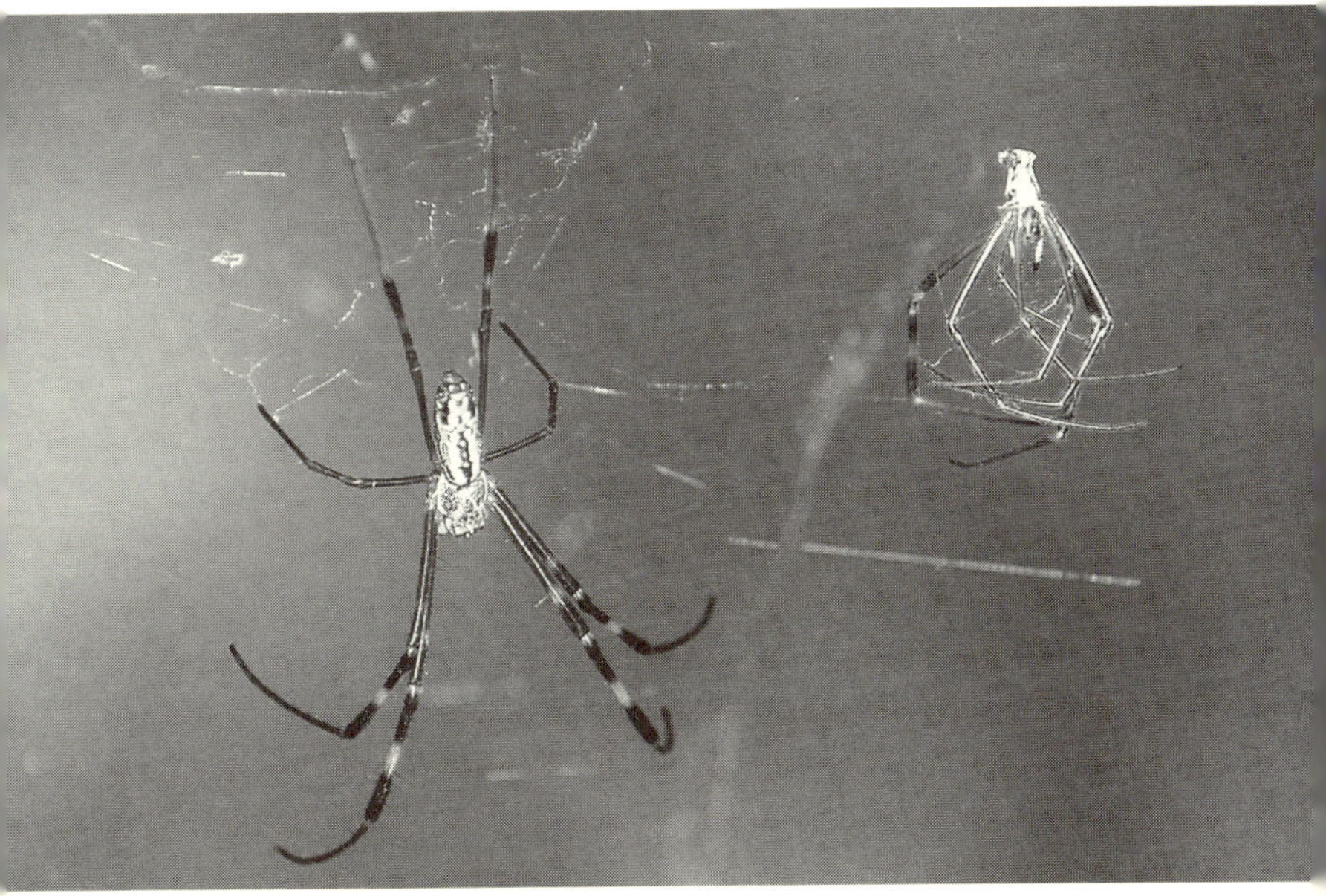

ジョロウグモと脱皮殻

子供たちは「遊び」をとおして自然を知り

遊びをとおして世界の中の自分に気づく。

そして、自然遊びは生涯の友となり自分を支えてくれる。

■23 ジョロウグモの交接と越年

◎ノミの夫婦

ある年の一〇月中旬、見沼田んぼ*で行なわれた木鳥会（目黒区の自然観察グループ）の野外観察会はジョロウグモ*で盛り上がった。

「皆さん、この派手なクモ、ジョロウグモです」

「〝ジョロウ〟の名ですが、赤や黄のカラフルな色彩なので、由来は〝女郎〟かと思っていました。ところが、クモの専門家のお話では上臈《じょうろう》なんだそうです」

「上臈は、臈（修行の年数）を積んだ高僧。身分や地位の高いこと。また、その人。貴婦人だそうです」

「先生、そこにいる小さなクモ、ジョロウグモの子供ですか？」

「いいえ、雄です。それにしても小さいですね。網の中央にいる大きいのが雌。雄はうっかり雌に近づくと餌と間違えられてしまいます」（写真23・1）

参加者の顔ぶれを見ながら、「皆さんの家ではどうでしょうか」と付け加えることもある。「雌は産卵して子孫を残さねばならず、体は大きくなります。雄は精子を作って雌に渡せば死を待つばかり。栄養を蓄えて体を大きくする必要はありませ

＊見沼田んぼ（前掲一三三頁）

＊ジョロウグモ（女郎蜘蛛、上臈蜘蛛） ***Nephila clavata*** クモ目ジョロウグモ科 黒や黄色、赤などよく目立つ色彩のクモ。雌は二〇～三〇ミリで、雄は六～一〇ミリ。成体は九～一一月に現れ、馬蹄形の大きな網を張る。成体の雄は網を張らず雌の網に止まり、居候をする。

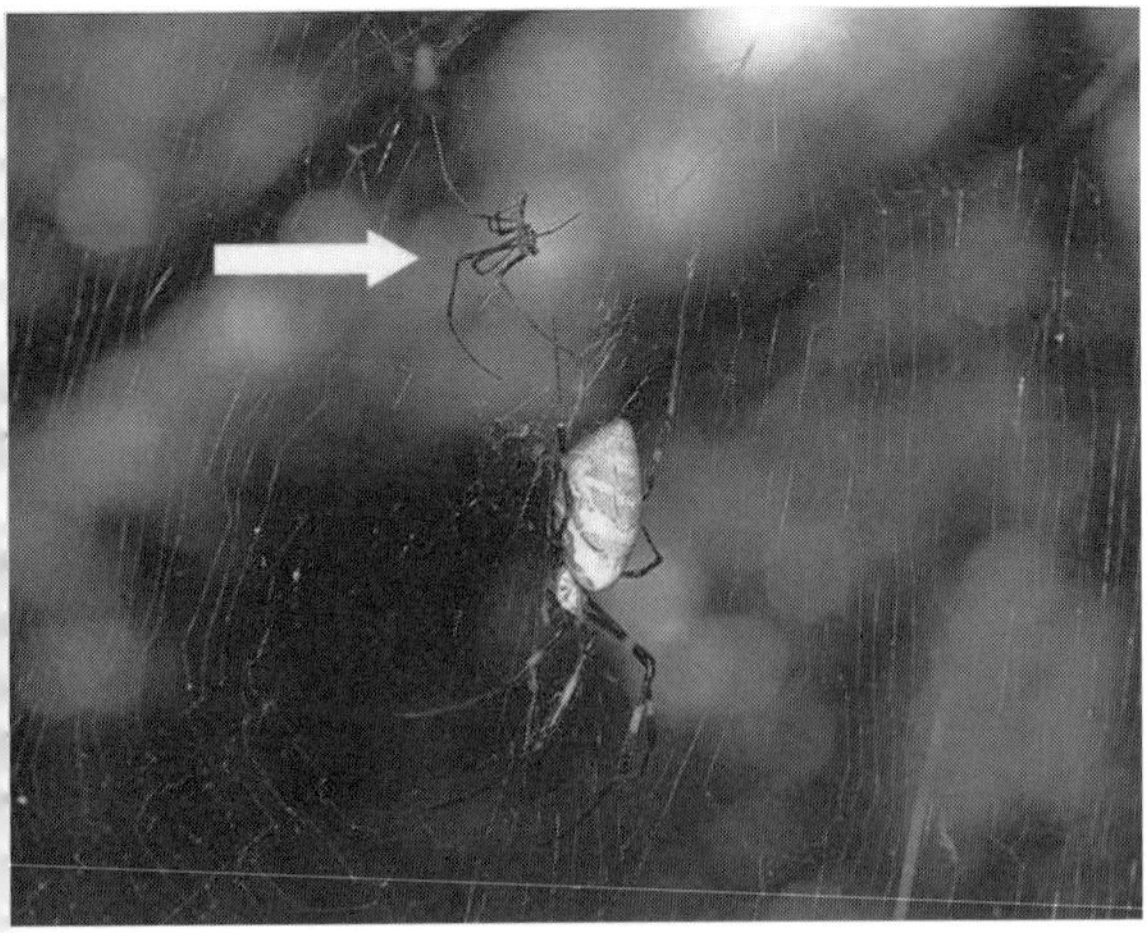
写真 23.1　ジョロウグモの雌雄（矢印が雄）（2004年10月15日、新宿御苑、東京都新宿区）

ん。雌に食われてしまうのも合理的な生き方かもしれません……」。女性参加者は誇らしげにうなずき、男性諸君が沈黙する一瞬だ。

◎クモの交接

「ジョロウグモの雄は精子を雌に渡したい。しかし、うかつに雌に近づくと捕食されかねません。悩むところです」

「雌への接近法は種類によっていろいろです。たとえば、アズマキシダグモは、カワセミやコアジサシの求愛給餌のように捕らえた獲物を雌にプレゼントします」

「視覚が発達していないゴミグモでは、縦糸を前脚ではじいて求愛信号を送りながら接近します。視覚の発達しているハエトリグモやコモリグモでは求愛ダンスをします」

クモの雄による雌への接近行動、鳥たちの求愛行動にも共通するところがあって面白い。

ジョロウグモの雄は、雌が食べ物に夢中になっている間に接近する。クモは頭胸部に六対の付属肢がある。第一脚は上顎《じょうがく》といい、牙《きば》がある。第二脚は触肢《しょくし》といい、雄の成体ではその末節が膨らんで交接器となり、腹部の生殖口から出した精液をここに蓄える。残りの四対は歩脚で八本の脚となり、昆虫の三対（六本）とは異なるところだ。

一方、雌では腹部の下面に外雌器《がいしき》という生殖器が発達する。雄が交接器に蓄えた精液を雌の外雌器の開口部に差し込んで注入することを「交接」という。雌は精液を体内の袋に蓄えておき、産卵する時に袋から出して受精させることができる。雌に気づかれないように接近し、交接器を差し込む……、その緊張した一瞬は、秋のクモ観察のクライマックスと言っても過言ではない。

見沼田んぼの中央を流れる芝川のほとりに出ると、低木の枝には沢山のジョロウグモが網を張っていた。一つの網に真っ赤なアキアカネがひっかかっていた。

「クモがトンボを食べると言いますが、正確に言うと、まずは第一脚の牙で獲物を噛み、その時に毒液を出して相手の動きを封じます。次に消化液を注入し、半ば消化した獲物の液体を吸い取ります」

参加者の一人が「そういえば、殻だけになったトンボや蝶が網にぶら下がっているのを見たことがある」。

「とりあえずアキアカネを食べている写真を撮っておきましょう」と言って撮影したデジカメ写真、画像を拡大してみた。何と、雌の腹部には小さな雄がひそんでお

写真 23.2　ジョロウグモの交接。雌が餌（アキアカネ）を食べている隙に小さな雄（矢印）が接近して交接している（2007 年 10 月 18 日、見沼田んぼ、埼玉県さいたま市）

写真 23.3　エゴノキに産みつけたジョロウグモの卵嚢（2007 年 12 月 17 日、柏井の森、千葉県市川市）

写真 23.4　子グモが集まった「まどい」（2007 年 6 月 3 日、下大和田、千葉県千葉市）

り、まさに交接の瞬間であった（写真23・2）。

◎越年したジョロウグモ

ジョロウグモの雌は九月頃に一気に成熟し、一〇月に林縁や林内で最も目立つようになる。一〇月中旬に交接し、樹木の樹皮や葉の裏などに産卵する（写真23・3）。卵は糸をグルグル巻きにした卵嚢《らんのう》の中で越冬し、孵化するのは翌年の五月頃だ。何百という子グモは集まって一塊となる。その集まりを「まどい」という（写真23・4）。「まどい」はやがて分散し、雌は八回、雄は七回の脱皮を繰り返す。雌は一〇月頃までに大きく成長し目立つようになる。産卵を終えた親グモは一般には一〇月末～一一月に死を迎える。

ところが、二〇〇七年一二月～二〇〇八年一月の冬季に、千葉県市川市の雑木林とその周辺

写真 23.5　イヌシデの小枝に張った網（条網）で獲物を捕らえたマネキグモ（2008 年 3 月 17 日、柏井の森、千葉県市川市）

でジョロウグモの雌を観察した。一二月二五日まで三個体、一月一五日まで二個体、最後の一個体は一月二二日まで生存した。一月一七日には初雪に見舞われ積雪二〇～二五センチを記録した。氷点下の気温の中、身動き一つしない仮死状態だったが、息を吹きかけるとわずかに動き出し、生存を確認した。

東洋大学名誉教授の大野正男氏は「このクモは熱帯系なので冬ごもりを知らないのではないか。沖縄や八丈島などの暖地では翌年の春まで生きのびる個体も少なくない。東京付近でも温度と餌に恵まれれば一月半ば頃まで生きることがある」と言い、地球温暖化の指標動物として役立っているという。

ジョロウグモが越年した雑木林やその周辺では、一月七日にはトビナナフシ、一月三〇日にはコナラの幹に止まるシロフユエダシャクガを、二月二二日には何匹ものマネキグモを見つけた（写真23・5）。

ちなみに、マネキグモの名は、糸を伝って移動する際に、太くて長い第一脚を動かす様子が、〝手招き〟するように見えることに由来する。網は木の枝や草の間の一本を基に、三〜四本の糸が分岐したもので、条網《すじあみ》という。糸には、極細の糸が付着しており、昆虫が網に触れると、この極細の糸が巻き付いて逃げられなくなる。網としては簡素で未発達のようにも見えるが、マネキグモの網や糸の仕組みには驚かされる。

　シジュウカラやヤマガラ、エナガ、メジロといった天敵の目をだましつつ冬越するクモや昆虫たちの観察も奥深く面白いものがある。

■24　クモから見たバードウォッチング

◎クモ糸の魅力

自然観察をしていると、「クモがこんなところでも役立っている！」と感心してしまうことがある。ここでは鳥とクモの関わり合いやクモの立場から改めて生態系や鳥の生活を見直してみたい。

関東地方ではときどき雪の降る二月下旬、千葉県市川市の雑木林で越冬中のホソミオツネントンボの生態調査をしていた時であった。頭上を二羽のエナガ*が飛び越えてイヌシデの方へと飛んでいく。幹にコゲラのように縦に止まり、白っぽい塊をつつき始めた（写真24・1）。つついているのは前年の一〇～一一月頃に産んだジョロウグモ*の卵嚢《らんのう》のようだ。嘴《くちばし》でぐいっと引っぱり、糸屑をくわえて飛び立った。どうやら今年も巣造りが始まったらしい。エナガの巣は、地衣類などをクモの糸で張り付けてカムフラージュした精巧なものだ。

クモの糸は丈夫でしなやか、抜群の伸縮性があり、小鳥たちの巣造りにとっては優れた天然素材である。信州大学繊維学部の中垣雅雄教授の研究によれば、長さ一メートルの素材を引っぱった場合、木綿で一メートル一三センチ、絹でも一メート

＊エナガ（柄長）　*Aegithalos caudatus*　スズメ目エナガ科　体は小さく尾が長い。長い尾が杓の柄に似るので「柄長」という。秋から冬は群れで生活し、春先にいち早く繁殖を始める。クモの糸でコケなどをつらねて袋状の巣を作り、内側には羽毛を入れ、外側はウメノキゴケなどを張り付けてカムフラージュする。卵数は七～一三個、巣立った雛は小枝などに集まり親からの給餌を受ける。

＊ジョロウグモ（前掲一七三頁）

写真 24.1　ジョロウグモの卵嚢をつつくエナガ（2008 年 3 月 8 日、千葉県市川市の雑木林）撮影：石岡英明

ル三〇センチしかのびない。ところが、クモの糸は三メートルにまでのびるという。セッカの巣の外側は、イネ科植物の葉と葉をこのしなやかな糸で丁寧に縫い合わせて作られる。小枝にハンモック状にぶら下がったメジロやキクイタダキの巣も、クモの糸を小枝に絡ませたものだ。都会で繁殖するメジロの巣では化学繊維が多く用いられるようになったが、人里離れた山中の巣ではクモの糸は欠かせない。コサメビタキやサンコウチョウの巣もクモの糸でつづりあわされている。どんな鳥が、クモの糸をどう利用しているか、自然観察の重要な視点の一つである。

◎身を隠すためのさまざまな工夫

自然観察でよく目につくのは網を張るクモだ。春から夏にはゴミグモやギンメッキグモが、秋にはコガネグモ、ナガコガネグモ、ジョロウグモなどをよく見かける。

興味深いのはゴミグモ*の網である。林道や草原、公園や人家の垣根など身近なところで観察できる。飛翔昆虫が多く移動する林縁部や垣根などで網を張り、獲物がひっかかるのをじっと待っている。ところが、このクモ、網は見つかるのだが肝心の姿が見当たらない。筆者は、埼玉県見沼田んぼ*で行なわれた自然観察大学主催の自然観察会で初めてゴミグモを観察した時のことを今でもよく覚えている。講師の浅間茂先生が「ここにいます」と指さしているのに、どこにいるのかわからない。網の中央にある帯状の部分をルーペで拡大してみると、脱皮殻や食べかすなどに紛れているゴミグモをようやく見つけることができた（写真24・2）。見事なカムフラージュ術である。

ギンメッキゴミグモ*も人家や公園などでよく見かけるクモだ。同じゴミグモの仲間（ゴミグモ属）のゴミグモが下向きに止まるのに対し、上向きに止まる習性がある。背面は銀メッキでも施したかのように銀白色に光り、その名の由来にもなっている。しかし、雄では三〜四ミリ、雌でも四〜七ミリと小さい。しかも銀箔色に反射するので、よほど注意しないと見つからない。

網を張って獲物を捕らえるタイプのクモは、飛翔昆虫が通過するところに網を張ろうとする。しかし、昆虫が自由に飛び交うような空間に身をさらすのはクモにとっては危険である。鳥やハチに捕食されるリスクが高い。そこでゴミグモはゴミに紛れて、ギンメッキグモは銀メッキしたような色彩により身を隠している。ハツリグモでは名前のように、落葉を丸めて糸で吊るして、その中に身を隠しながら獲物を

＊ ゴミグモ（塵蜘蛛、芥蜘蛛） *Cyclosa octotuberculata* クモ目コガネグモ科　本州以南に分布し、成体は五〜九月に現れる。有刺鉄線や生垣、林などの昆虫の飛びやすいところに網を張る。

＊ 見沼田んぼ（前掲一三三頁）

＊ ギンメッキゴミグモ（銀鍍金塵蜘蛛） *Cyclosa argenteoalba* 人家や寺院の周辺、植林地などに生息し、円網を張る。網を張るクモは網の中央で下向きに止まるのが普通だが、本種は上向きに止まる。和名は銀メッキしたような腹部の銀白色に由来する。

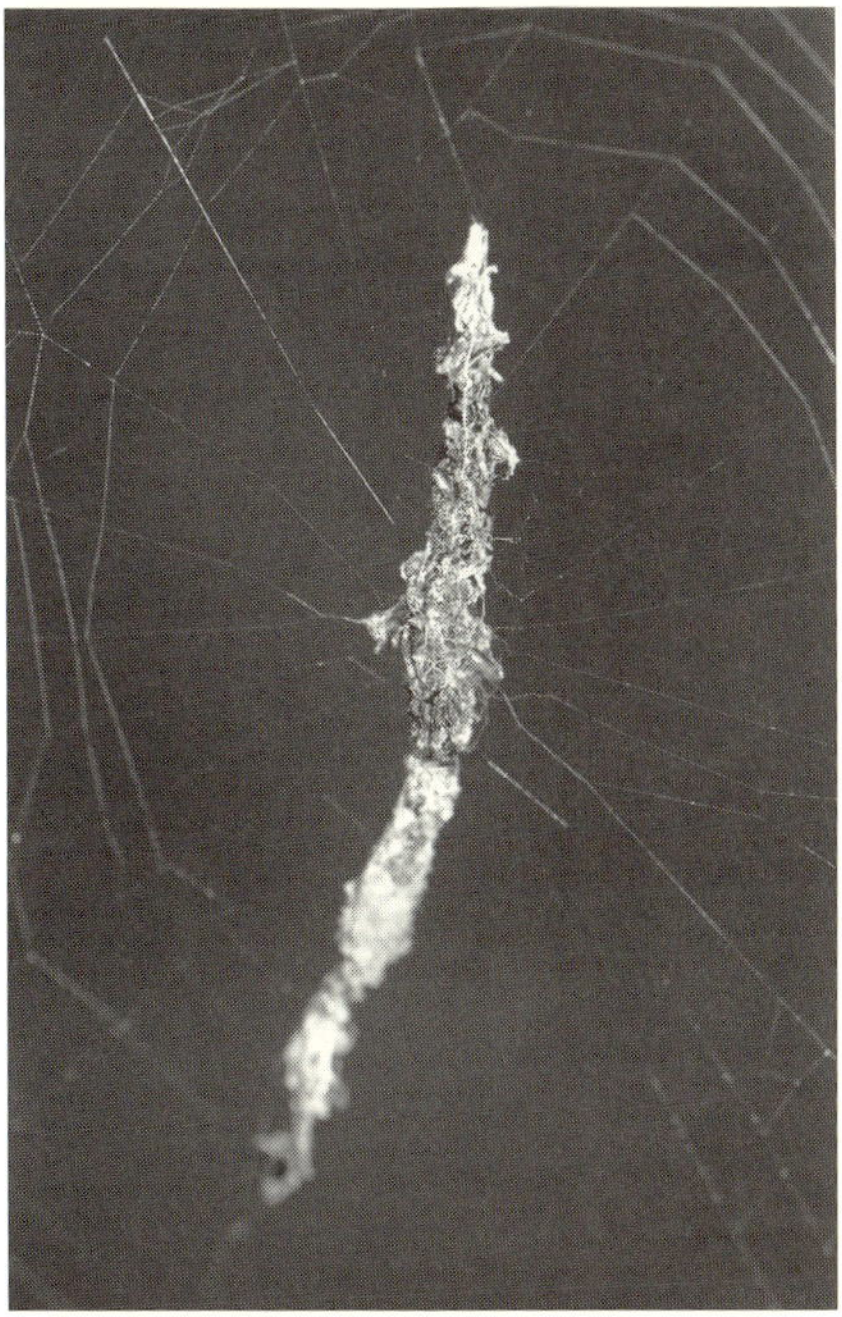

写真 24.2　脱皮殻などに似せて見分けのつかないゴミグモ（2005 年 5 月 22 日、見沼田んぼ、埼玉県さいたま市）

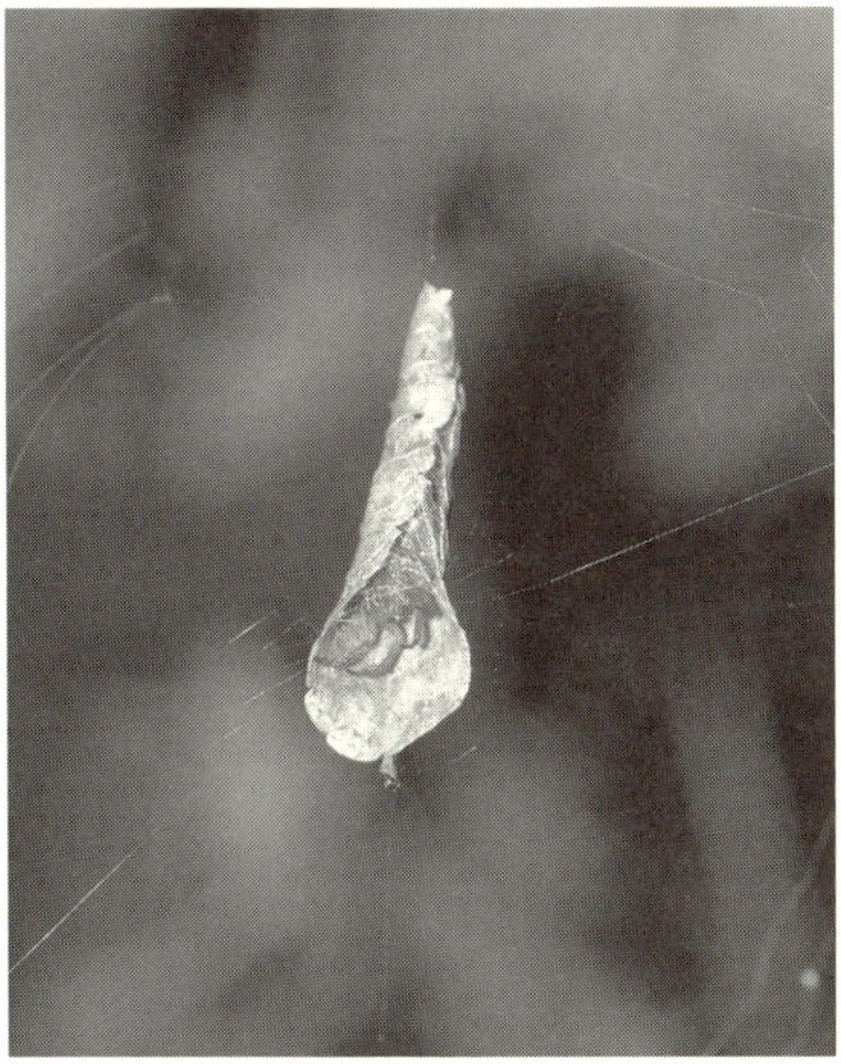

写真 24.3　丸めた落葉の中に身を隠すハツリグモ（2004 年 6 月 17 日、大町公園、千葉県市川市）

狙う（写真24・3）。

もっと巧妙なクモはトリノフンダマシ*だ。その名のように鳥の糞そっくりに擬態して鳥の目をだまそうとしている。クモに詳しい工藤泰恵さんに案内してもらい、九月下旬に我孫子市の岡発戸《おかぼっと》で葉の裏にひそむトリノフンダマシを初めて観察することができた（写真24・4）。丸みがあり、光沢があり、脱糞したばかりの鳥の糞にそっくりだ。日中は鳥の糞になりすまして葉の裏で身をひそめて休み、蛾類が飛び始める夕方から活動を開始する。

クモは捕食者の目を欺くようなさまざまな工夫をしている。このような形態や習性を進化させたのも、捕食者としての鳥の存在があったからに他ならない。

◎鳥やコウモリを捕食するクモ

クモの観察で面白いのは獲物を捕食するシーンである。昆虫などを糸でぐるぐる巻きにし、その体内に消化液を注入してから体液を吸い取る。時にはクモよりもはるかに大きな獲物を捕らえることもある。

九月下旬に、千葉県の水田地帯で、水路に沿って張られたナガコガネグモ*の網にオニヤンマが捕らえられていたのを見たことがある。オニヤンマといえば、日本では最大級のトンボであり、ナガコガネグモよりもはるかに大きい（写真24・5）。ま

＊トリノフンダマシ *Cyrtarachne bufo* クモ目コガネグモ科 鳥の糞に似たクモで、本州以南に分布。ススキ，クワ，クリなどの葉の裏を好む。

＊ナガコガネグモ（長黄金蜘蛛） *Argiope bruennichi* クモ目コガネグモ科 コガネグモに比べて体が細長いクモ。北海道から南西諸島（沖縄島まで）に広く分布する。刺激を受けると、網を強くゆさぶる習性がある。

写真 24.4　鳥の糞によく似たトリノフンダマシ（2006年9月30日、岡発戸、千葉県我孫子市）

写真 24.5　オニヤンマを捕らえたナガコガネグモ（2007年9月25日、千葉県印西市の水田地帯）

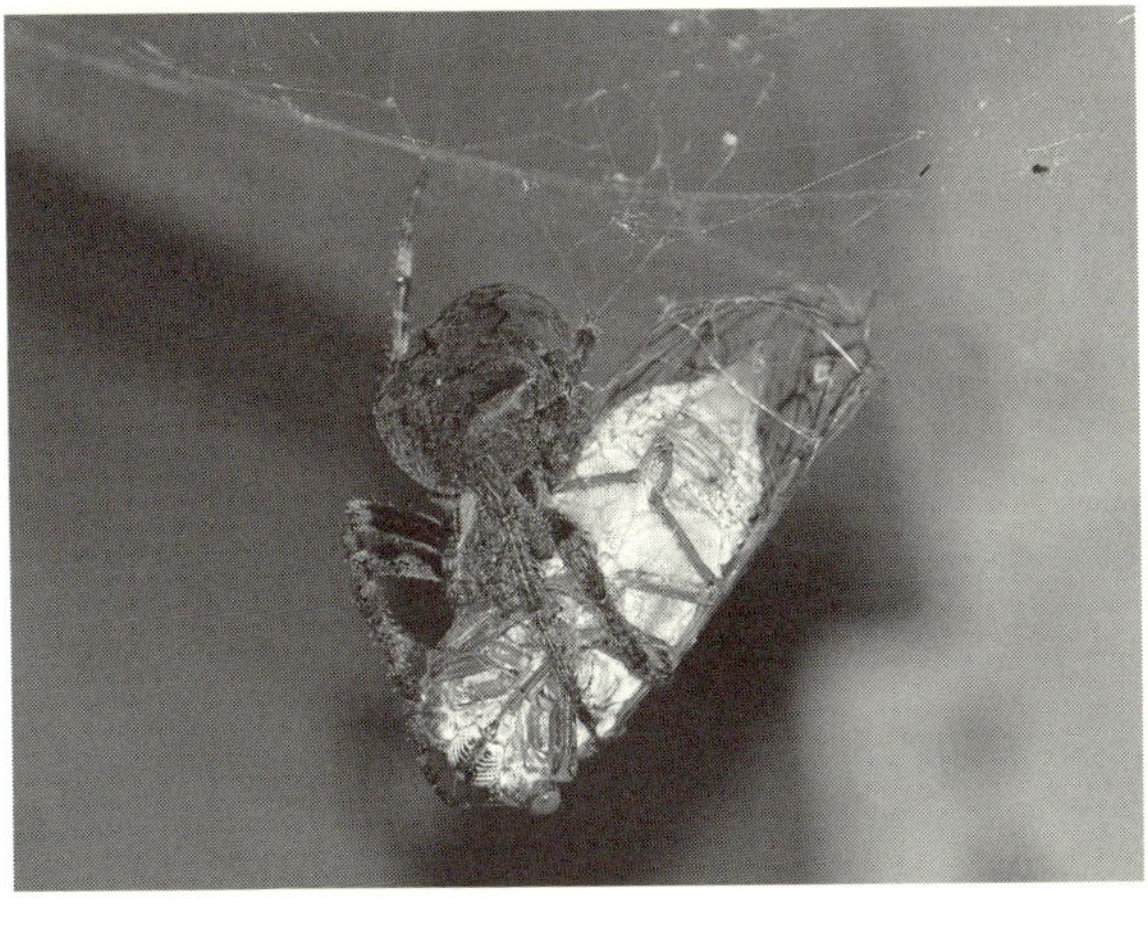

写真 24.6　エゾゼミを捕らえたオニグモ（2007年8月14日、群馬県嬬恋村）

た、夏に郷里の嬬恋村《つまごいむら》（群馬県）に帰省した際、オニグモがエゾゼミを捕らえ、翌朝までかかって体液を吸ったのを観察したこともある（写真24・6）。

時には鳥類や哺乳類を捕食する強者もいる。高知県中土佐町ではジョロウグモがスズメの幼鳥を捕らえ、奄美大島ではオオジョロウグモがコウモリを捕らえて話題になった。

「鳥がクモを食べる」のが一般的だが、「クモにツバメやコウモリが食べられる」こともあるという。雲をつかむような話だが、クモを中心にした食物網は人が想像する以上に複雑で一筋縄ではいかない。

■25　クモ合戦に見る「自然遊びの意義」

自然観察やバードウォッチングというのは、ひょっとしたら「幼年期の遊びの延長」ではないだろうか、と思うことがある。子供の頃、といっても筆者の場合には昭和二〇～三〇年代の頃になるが、雑木林で捕まえたミヤマクワガタの雄同士を闘わせたり、アリジゴクの巣にアリを入れて捕食させてみたり、セミやトンボ、ホオジロなどを捕らえて遊んだ記憶を懐かしく思い出す。自然や動植物を好きになった動機は人さまざまであろうが、幼年期の自然遊びが重要な契機になっていることが多い。ここでは、千葉県富津《ふっつ》市で今なお行なわれている「クモ合戦」を例に「自然と遊ぶこと」について考えてみたい。

◎フンチを熱く語る川名興先生

クモ合戦の面白さを初めて知ったのは、二〇〇七年六月に行なわれた川名興《たかし》先生による「クモ合戦」についての講話である。場所は千葉市郊外の下大和田。初夏の日射しをさけて谷津田を見下ろす樹陰に腰掛けて先生のお話に耳を傾けた。

ネコハエトリ*のことを富津ではフンチ、横浜ではホンチと呼ぶ。庭や生垣、公園

＊ネコハエトリ（猫蠅捕）*Carrhotus xanthogramma*　クモ目ハエトリグモ科　生垣や草原に生息し、歩き回りながら獲物を探す徘徊性のクモ。目がよくハエなどの昆虫に飛びついて捕獲する。江戸時代には、ハエトリグモを使ってハエを捕らせる遊び（鷹狩りにちなんで「座敷鷹」と呼んだ）が流行した。千葉県富津市では今でも雄のネコハエトリを闘わせて遊ぶ「フンチ」が行なわれている。

写真 25.1　ネコハエトリの雄。目が大きく、第一脚が大きくて長い（2006 年 5 月 15 日、大町自然公園、千葉県市川市）

などに普通にいるクモだ。目がよく、ハエなどに飛びついて捕らえるので英名はジャンピング・スパイダー（jumping spider）という。クモの脚は四対（八本）あり、フンチの第一脚は特に大きくて長い（写真25・1）。雄同士が出合うとその両脚を振り上げ、にらみ合い、両者が引かないとがっぷりと四つに組んで闘いが始まる（写真25・2）。時には一〇分近い大相撲になることもある。相手が逃げ出したら勝負ありだ。男の子たちは家でも学校でもところかまわずフンチ遊びに熱中し、先生から注意されたこともあったという。亜成体の個体をマッチ箱で飼育し、脱皮して成体になるのを待ってクモ合戦に興じたという。フンチについて語る時の川名先生の目は少年のように輝き始めた。

写真 25.2　第一脚を振り上げてにらみ合うネコハエトリ。体長 1 cm に満たないが横綱級の風格がある（2013 年 5 月 4 日、富津八坂神社、千葉県富津市）

◎富津八坂神社のクモ合戦

前々から「クモ合戦を見たい」と思っていた。たまたま新聞で二〇一三年五月四日（土）にクモ合戦が行なわれることを知った。場所は富津八坂神社（千葉県富津市）の境内。トーナメント形式で勝ち抜いたフンチが第一五代横綱になるという。川名先生の案内で八坂神社を訪ね、主催者の富津フンチ愛好会広報の小坂和幸氏にお話をうかがうことができた。

境内には真っ赤な幟旗が立ち、大勢の人が集まり縁日のようなにぎわいだ（写真25・3）。優勝したフンチに贈られる優勝旗やトロフィー、フンチの写真などが展示され、クモ合戦の映像も放映されている。

「ネコハエトリの雄を一匹用意できる人」であれば誰でも参加できる。クモに詳しいベテランが行司役をつとめ、容器から出したオス同士を近づける。「皆さん、動かないで下さい」と行司からの注意。フンチの目はよく、人が動くと気が散ってしまうという。勝負は逃

写真 25.3 「クモ合戦」（富津フンチ愛好会主催）でにぎわう富津八坂神社（2013 年 5 月 4 日、千葉県富津市）

げ出した方が負け。戦闘意欲がない場合は、「ちょっとオマジナイを……」と言って、別の箱に入れた雌を近づけて奮起させることもある。体長一センチにも満たない小さなクモの闘いに、二重、三重の人垣ができ、境内は熱気を帯びてくる。江戸時代にはネコハエトリを座敷鷹《ざしきたか》と呼び、ハエを捕らせる競技が流行した。やがて遊びは過熱し、飼育箱に贅《ぜい》をこらすなどのためにご法度になったという歴史がある。

◎クモの生態とクモ合戦

「たかがクモの闘い」と思うかもしれない。しかし、クモの生態や習性を知ろうとし、闘わせ方を工夫してきた人々の情熱と努力は並大抵のものではない。川名興・斉藤慎一郎著『クモ合戦』によれば、房総半島でのネコハエトリの呼称一つ取り上げても、地域によりホンギ、フンチ、ホント、カネグモ、ゴトウ、ゴト、ケンカグモなど実にさまざまである。しかも、子どもたちは「アカマッチ（初期幼生）→ババ（幼生）→ビール（亜生態雄）→フンチ（成体雄）、ババ（成体雌）」

など、成長段階に応じた名称で呼び分けていた。子供たちの識別能力は、カモメ類の幼鳥や亜成鳥、成鳥（夏羽・冬羽）の微妙な違いを識別するバーダー以上のレベルかもしれない。また、雄同士の威嚇誇示と雌に対する求愛誇示とは同じように見えるが、威嚇の時には上顎をやや開き、求愛の時には閉じている。フンチの捕獲から飼育、クモ合戦に至る諸々の知識は体系化され、昆虫生態学や民俗学の立場からも興味深いものがある。子供の遊びの域をはるかに越え、無形文化財としての価値を持っている。

◎自然を取り戻す「自然遊び」

クモ合戦は、子供の遊びとして南西諸島から九州、四国、三浦半島、房総半島、佐渡島に至る沿岸に残っており、フィリピンなど東南アジアにも通じるものがある。日本では第二次世界大戦以降に急激に衰退したが、鹿児島県加治木町《かじきちょう》のクモ合戦は今なお無形文化財として伝承されている。房総のネコハエトリでは雄を用いるのに対し、加治木町ではコガネグモの雌を用いて棒の上で闘わせる。落ちた方が負けだ。

千葉市を拠点に環境教育に力を入れている「ＮＰＯ法人ちば環境情報センター」では、コガネグモを使ったクモ合戦をやらせたところ、子供たちの目が生き生きと

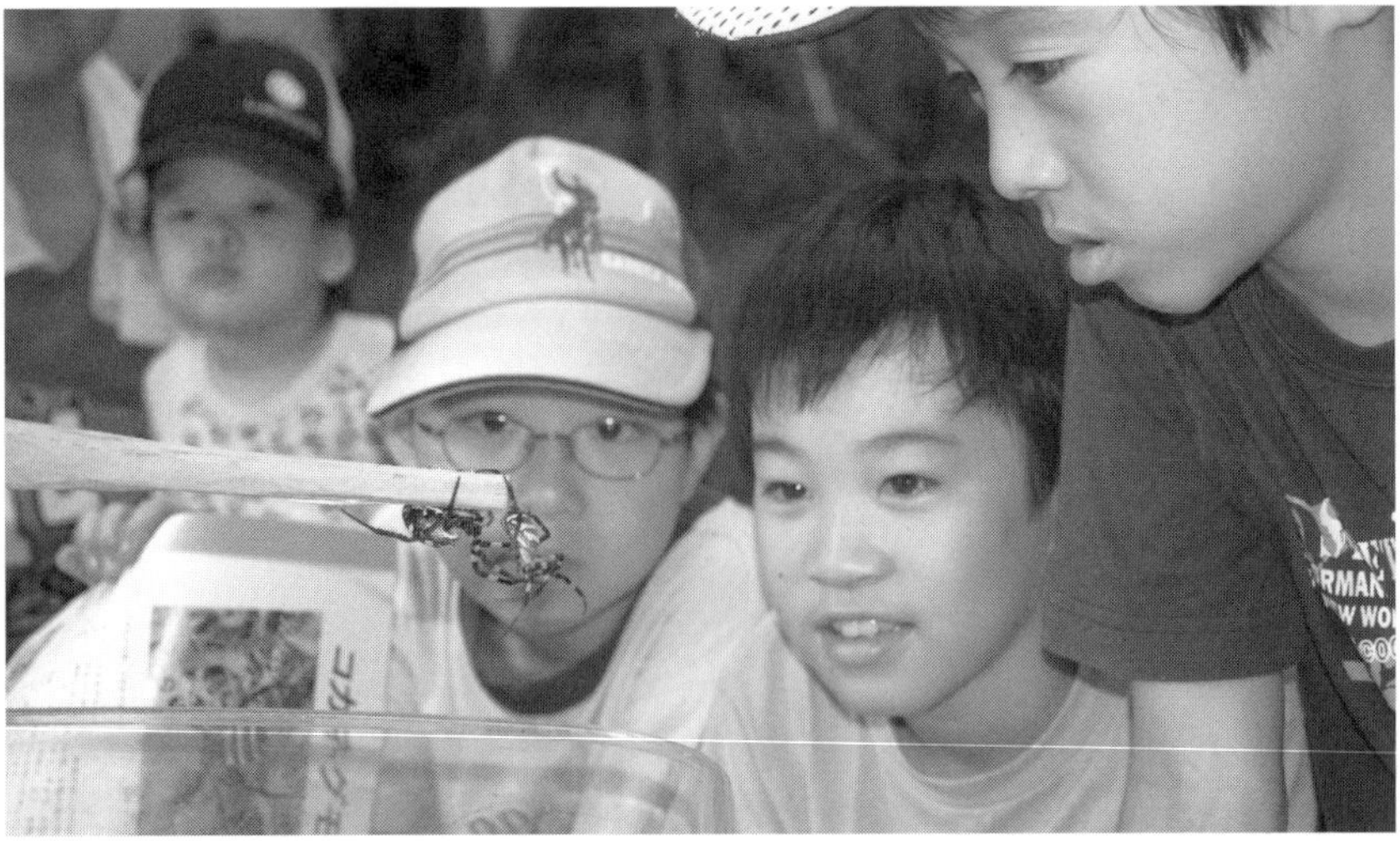

写真 25.4　コガネグモを用いた「クモ合戦」に目を輝かす子供たち（ちば環境情報センター主催）（2006 年 8 月 6 日、千葉市下大和田）撮影：田中正彦

輝いたという（写真25・4）。富津のネコハエトリの闘いに熱中する子供たちに通じるものがある。鳥や昆虫が目の前にいても、携帯端末にしがみついて見向きもしない昨今である。が、子供たちはもともと自然遊びが大好きであり、遊びのチャンスさえあれば好奇心は旺盛である。遊びを通して自然を知り、興味を持ってもらうことを期待したい。

あとがき

鳥を専門とする月刊雑誌『BIRDER』（文一総合出版）の編集者とお会いしたのは八～九年前のことであった。

「鳥専門の雑誌なので仕方ないけれど、識別や珍鳥の記事ばかり。興味深い観察、生態の面白さに気づくような内容が欲しい」、「自然全体を見わたせるような記事とか、鳥や自然とどう付き合うか、どんな切り口で自然を観察するか、そんなページがあっていいのではないか」

ちょっと言い過ぎた気もしたが、思っていたことを率直に話したところ、意外な言葉が返ってきた。

「実は、私も同感なんです。鳥の名前がわかるとそれでおしまい、という人が多い。何とかならないかと考えてきました。先生の考えていることを自由に書いてもらえませんか……」

こんな会話があり、二〇〇六年一月号より「唐沢流・バードウォッチングの楽しみ方」の連載が始まった。その後、タイトルは「唐沢流・自然観察の愉しみ方」と変わり、月一回の連載は二〇一四年四月までに八年四ヵ月となり一〇〇回を数えるに至った。本書はこうして書きためてきた一〇〇回の連載の中から二五篇を精選したものである。

二五篇を選ぶにあたっては、観察に興味を持てそうな内容、あるいは自然を見る視点として役立ちそうな内容を選ぶことにした。それには、筆者自身が選ぶのもよいが、むしろ読者の立場から選んでもらうのも一つの方法であろうと考え、その任を地人書館の編集者永山幸男氏にお願いした。幸いなことに、永山氏は鳥や自然への関心が高く、いろんなジャンルの自然ものの単行本を手掛けてきたベテランである。

これから自然観察を始めたいという方、自然を観察するための新しい視点に興味を持っている方、あるいは、フォークロアや宗教・文明・文化・芸術と自然との関係に興味を持っている方など、多様な読者をあれこれ想定しながら二五篇を選んでいただいた。選ばれた二五篇は、筆者が実際に現地に出かけて見聞きし感動したものばかりであり、筆者としても納得のいくものであった。

一方、連載記事は月刊誌としての制約がある。季節の鳥や自然を話題に取り上げようと努力したが、雑誌発行の一ヵ月半ほど前に原稿を仕上げねばならず、執筆しにくいこともある。また、ページ数の制約から割愛した部分も多い。月ごとの読み切りでテーマが異なるなど、もとより一冊の本としてまとまりがあるわけではない。そこで、文字数に制約されることなく改めて加筆や削除を行なった。また、月ごとにばらばらであったものを、次のⅠ～Ⅴ編のテーマにまとめることにした。とはいえ、各編はあくまでおよそのグループ分けであり、ルーズなまとまりにすぎない。

Ⅰ　新鮮な視点で自然を見る（観察の切り口を見つける）
Ⅱ　鳥の視点で自然を見る（鳥たちの非凡な生態を楽しむ）
Ⅲ　磯や漁港で海を楽しむ（魚と鳥の関係を紐解く）
Ⅳ　虫の目で自然を楽しむ（虫たちの生き残り戦略）
Ⅴ　クモを見る楽しみ（奥深い自然遊び）

自然は際限なく幅広く、奥深いものがある。自然観察といっても、何をどのように観察するかは個人の好みもあり、特別な方法があるわけでもない。各自がそれぞれのやり方で、置かれた立場や環境で自然に接することになる。そして自然に向きあい、じっくりと観察することがその人の人生にとって生きがいとなり、愉しみになるようであればそれに越したことはない。筆者もまた自己流で自然に向きあい、観察を愉しんできた。本書のタイトルを「唐沢流」としたのはそのためである。

ところで、本書の内容は、各生物分野で活躍しているナチュラリストや研究者・学校の教師等から学んだことが多い。とりわけNPO法人自然観察大学の岩瀬徹先生をはじめとする講師の先生方からは、フィールドに出て、目の前の生物を見ながら専門的な知識や観察の視点を教えていただいた。また、旅先にあっても、多くの人に現地の生物や自然について教えていただいた。また、貴重な写真もお借りした。これらお世話になった方のお名前は本文中に記載させていただいた。

一方、雑誌『BIRDER』の連載にあたっては、編集者の神戸宇孝、櫛引サカエ、中村友洋の三氏にお世話になった。さらに、元気工房の榎本桂三氏とのご縁により連載記事を地人書館に紹介していただくことができた。そして今回、一冊の本として編集・出版するにあたり地人書館編集部永山幸男氏に多くの労をわずらわせた。これら多くの方に改めてお礼申し上げる。

唐沢孝一

索　引

初出――『BIRDER』（文一総合出版）掲載号

01	海に出たオオバン――冬の東京湾	2008年01月号
02	ヤマガラが教えてくれた虫こぶ入門	2008年03月号
03	白樺峠、「びーびー君」の思い出	2011年12月号
04	満開の桜花に浮かれる、人も鳥も	2009年04月号
05	時間をかけて観察を楽しむ	2013年05月号
06	原風景を振りかえる……	2013年06月号
07	ツバメの子育て、最新情報	2011年08月号
08	八方尾根のツバメと高山植物	2010年08月号
09	白山山麓の限界集落を巡る	2013年07月号
10	釣り人ウォッチングするサギ	2008年07月号
11	コサギが捕らえたカエルの正体	2011年04月号
12	足環ウォッチングのすすめ	2008年04月号
13	漁港に群れるトビ、カモメやサギの仲間	2009年05月号
14	豊漁に沸く漁港と磯の鳥	2012年04月号
15	ウツボに追われたイワシの群れ	2010年04月号
16	日本列島を北上する蝶	2009年09月号
17	鳥にとっても目新しい昆虫たち	2009年10月号
18	足元の昆虫、葉の上のササグモ	2012年06月号
19	ミツバチと養蜂を楽しむ人々	2012年10月号
20	集団越冬するオオキンカメムシ	2010年01月号
21	隠れんぼするホソミオツネントンボ	2008年12月号
22	ムカシトンボの生き残り戦略	2012年05月号
23	ジョロウグモの交接と越年	2008年11月号
24	クモから見たバードウォッチング	2008年06月号
25	クモ合戦に見る「自然遊びの意義」	2013年08月号

【著者紹介】
唐沢孝一（からさわ こういち）
1943年群馬県生まれ。東京教育大学理学部卒業。都立高校などの生物教師をへて2008年まで埼玉大学教育学部で「自然観察入門」を担当した。現在は執筆、講演、自然観察会の講師などに携わっている。NPO法人自然観察大学学長、都市鳥研究会顧問、市川市文化財保護審議会委員。モズの生態研究で日本鳥学会奨学賞、市川市市民文化賞(スウェーデン賞)を受賞。著書に『マンウォッチングする都会の鳥たち』（草思社）、『カラスはどれほど賢いか』（中公新書）、『野鳥博士入門』（全農教）等がある。

唐沢流
自然観察の愉しみ方
自然を見る目が一変する

2014年9月25日　初版第1刷

著　者　唐沢孝一
発行者　上條　宰
発行所　株式会社　**地人書館**
162-0835 東京都新宿区中町15
電話 03-3235-4422　　FAX 03-3235-8984
郵便振替口座 00160-6-1532
e-mail chijinshokan@nifty.com
URL http://www.chijinshokan.co.jp/
印刷所　モリモト印刷
製本所　イマヰ製本

ISBN978-4-8052-0878-6